中国首个百万千瓦级
海上风电场工程
创新与实践

刘运志　陈新群　张磊　编著

中国三峡出版社

图书在版编目（CIP）数据

中国首个百万千瓦级海上风电场工程创新与实践 / 刘运志，陈新群，张磊编著. -- 北京 : 中国三峡出版社，2024.9
ISBN 978-7-5206-0313-3

Ⅰ. ①中… Ⅱ. ①刘… ②陈… ③张… Ⅲ. ①海风－风力发电－发电厂－电力工程－工程施工 Ⅳ. ①TM614

中国国家版本馆CIP数据核字(2024)第032834号

责任编辑：任景辉

中国三峡出版社出版发行
（北京市通州区粮市街 2 号院 101199）
电话：（010）59401531 59401529
http://media. ctg. com. cn

北京中科印刷有限公司印刷 新华书店经销
2024 年 9月第 1 版 2024 年 9月第 1 次印刷
开本：787毫米×1092毫米 1/16 印张：12.5
字数：312千字
ISBN 978-7-5206-0313-3 定价：98.00 元

本书编委会

主　　编： 刘运志

副 主 编： 陈新群　张　磊

编写人员： 许新鑫　滕华灯　王　允　杜梦蛟　黄绍幸
陈　岩　王　菁　黄有民　张　凡　章嘉伟
朱　超　朱　彬　郭保东　徐昕昀　余洪晨
刘碧飞　唐　乐　刘永琮

序　言

FOREWORD

2021年12月25日，全球范围内统一规划、连片开发、一次性建设的规模最大的海上风电项目——三峡广东阳江200万kW海上风电场正式实现全容量并网。该项目也是国内首个百万千瓦级海上风电场。

项目顺利建成投产得益于习近平总书记提出的“碳达峰、碳中和”战略目标，得益于国家治理体系和治理能力现代化在广东的具体体现，得益于中国长江三峡集团有限公司（以下简称“三峡集团”）党组的坚强领导和三峡集团制定的“海上风电引领者”战略，得益于相关兄弟单位的通力协作，得益于项目参建单位在“抢装潮”背景下的全力支持，得益于三峡广东分公司全体员工对三峡集团决策部署的坚决落实。项目顺利建成投产充分展示了我国加快构建绿色低碳循环发展经济体系，推进经济社会发展全面绿色转型的决心，是我国海上风电发展史的一大里程碑。

项目顺利建成投产的成果来之不易，建设过程中成功应对了自然条件、施工组织、新冠疫情影响等诸多考验。通过组织机制保障，狠抓质量安全管控，成功实现了质量安全双零目标；通过统筹安排激发工厂产能，提前锁定国内外先进船机资源，克服了抢装压力巨大、施工资源匮乏的困难，保障了现场施工效率及冬季施工可靠性；通过总结现场经验提升施工效率，开拓创新跨越常规工艺限制，克服了南海海况恶劣、施工窗口期短的困难，创下国内多项海上风电施工记录；通过因地制宜优化设计方案，创新基础型式应对复杂地质，克服了地质条件复杂、施工组织繁杂的困难，成功打造海上风电基础“博物馆”，创下国内海上风电基础型式之最。此外，还实现了多项“之最”和“第一”：完成了最难斜桩植入嵌岩升压站导管架安装；建成了亚洲单体容量最大海上升压站，完成了3000t级最重海上风电导管架吊装；建成了国内首个海上风电项目500kV陆上升压站，敷设了国内首根大容量$3\times1000mm^2$光电复合海缆；投运了全球首台抗台风型漂浮式风机。

本书正是以三峡广东阳江200万kW海上风电场开发建设实际为背景，系统总结回顾该项目的建设特点和面临的困难与挑战，也与中国海上风电同仁分享一些建设管理运行的经验，携手为中国海上风电的发展和引领做出贡献。

本书通过8章较为详细地介绍了工程创新技术及实践应用，包括基础施工、风机安装、海缆敷设、升压站建安、漂浮式风机等；结合项目所在海域台风频发的特点，详细介绍了海上风电场建设运行的防台、抗台和科学审慎地利用台风的成功经验；本书还总结了百万千瓦级大型海上风电场投产运行初期的一些管理经验。此外，本书结合项目的建设、运行实践，对未来海上风电场的开发建设及管理提出一些建议。

本书在编写过程中，国内海上风电领域的知名专家毕亚雄、程永权和林毅峰给与了专业指导并提出了很多宝贵的意见，在此表示由衷的感谢！本书在编写过程中，也引用了广东电力设计院、三峡上海勘测设计院、广州打捞局、中交三航局等单位相关项目公开资料的部分内容和数据，在此也一并表示感谢！

由于参加本书编写的作者大多是一线的工程师和项目管理者，他们的文字功底大多疏于技术水平，书中表述难免存在疏漏或错误，敬请广大读者批评指正并给予谅解！

编者

2023年12月

前言

PREFACE

2020年9月，国家主席习近平在第七十五届联合国大会上明确提出2030年“碳达峰”与2060年“碳中和”目标，向全世界宣示了我国为全球气候保护做出更大贡献的决心和意志。

广东省是我国经济总量、人口数量第一大省和能源消费大省，传统化石能源资源匮乏、自给率低。广东省委、省政府积极响应党中央决策部署，超前谋划，率先修编了《广东省海上风电发展规划》，推动海上风电集中连片规模化开发，规划了粤西阳江近海浅水区域海上风电基地，为百万千瓦级海上风电场开发打开了局面。

三峡集团作为全球最大水电开发运营企业和中国领先的清洁能源集团，坚决贯彻落实党中央、国务院赋予三峡集团的新使命，努力在推动清洁能源产业升级和创新发展中承担引领责任。三峡集团将海上风电作为清洁能源业务的核心，率先提出“海上风电引领者”战略。三峡集团坚定不移地将广东省作为海上风电的战略核心区域，描绘广东建设“海上风电三峡”的宏伟蓝图，高标准开发建设百万千瓦级阳江沙扒海上风电场，同时与其他企业携手共同推动建设海上风电全产业链基地，助力阳江建设全球化海上风电产业园。

2018年，三峡广东阳江沙扒海上风电项目获得正式核准，同年正式开工建设，创造了规模化海上风电项目当年核准、当年开工的“广东速度”。2021年底前实现全容量并网，仅仅用了不到3年的时间，中国第一个百万千瓦级、总容量200万kW的海上风电场从蓝图变为现实。在这里，创造性使用包括漂浮式在内的多达8种基础型式，成功打造海上风电“基础博物馆”；投产了全球首台抗台风型漂浮式海上风电机组；建成了亚洲单体容量最大的交流海上升压站和国内同等容量下重量最轻的海上升压站；率先在风电领域采用了500kV电压等级和最大容量变压器；单年度完成了全球最大的风机吊装量等。三峡集团会同中国交通建设集团有限公司（以下简称“中交集团”）、中国能源建设集团广东省电力设计研究院有限公司（以下简称“广东院”）、交通运输部广州打捞局（以下简称“广州打捞局”）等参建单位和明阳智慧能源集团股份公司（以下简称“明阳智能”）、金风科技股份有限公司（以下简称“金风科技”）、东方电气风电股份有限公司（后简称“东方风电”）等设备制造企业形成了一系列工程、技术、科研成果和规范，为推动我国海上风电向规模化、深远海发展提供了宝贵的工程实践经验。

本书从8个章节系统总结了三峡广东阳江沙扒海上风电场在工程领域的创新和实践。第1章主要介绍中国首个百万千瓦级海上风电场概况，包含开发建设背景、基本情况和大事记等。第2章介绍工程建设特点及面临的困难与挑战，包括项目的水文地质工程概况和建设难点。第3章介绍工程创新技术及实践应用，包括基础施工、风机安装、海缆敷设、升压站建造安装等。第4章介绍中国首台漂浮式海上风电试验样机，从基本情况、建造、施工3个方面进行阐述。第5章详细总结了海上风电场建设工程管理，分安全管理、建设创新管理等板块进行专题介绍。第6章详细总结了海上风电场电力生产运行管理。第7章分析了台风对海上风电场开发的影响与对策，根据南海海域台风典型特征，介绍海上风电场防台风设计、抗台风策略、小台风利用等。第8章展望未来海上风电场开发建设前景，对设计、管理、科创等提出了建设性意见。

本书不仅是国内首个百万千瓦级海上风电项目的工程创新实践总结，也可以作为海上风电工程管理类读物和工程建设参考读物，还可以为高等院校师生提供实践案例教材。

本书在编写的过程中，得到了相关单位的大力支持，也得到了相关专业文献及资料的指导，在此对相关单位及作者表示衷心感谢。特别是，本书得到了毕亚雄、程永权、林毅峰等行业资深专家的指导并提供修改意见，使本书能够得到系统提升和内容完善，谨在此表示最诚挚的谢意！

本书在编写过程中未能详尽之处，恳请广大读者批评指正。

编者

2023年10月

目 录
CONTENTS

第1章 中国首个百万千瓦级海上风电场概述

1.1 中国首个百万千瓦级海上风电场建设背景

开发海上风电不仅有利于提升能源供给，更重要的是，海上风电作为清洁能源，对加快绿色发展，推动实现“碳达峰、碳中和”的远景目标具有重要意义。风从海上来，不仅带来了源源不断的清洁能源，更带来了潜力无限的海洋经济。在新一轮科技革命和产业变革加速发展的驱动下，大规模开发利用海洋的步伐不断加快，海洋在现代产业体系中的地位更加重要，在生态文明建设中的角色日益凸显。

广东因海而兴、因海而富、因海而强，海洋资源优势明显，4114.3km 的大陆海岸线蜿蜒曲折，居全国首位；41.9 万 km^2 的广袤海域中，1963 个海岛星罗棋布。得天独厚的海洋资源禀赋，为广东经略海洋奠定了坚实的基础。自 1995 年以来，广东海洋经济总量持续居全国首位，形成了较为完整、具有较强竞争力的海洋产业体系。广东是能源消费大省，也是传统能源小省，能源供应对外依存度超过 75%。相较于传统能源，广东近海海域风能资源理论总量约 1 亿 kW，海上风电开发潜力巨大，提高广东能源自给率的潜力也巨大。2018 年以来，在广东省委、省政府的高位推动、统筹谋划和精心部署下，广东海上风电开启“加速度”模式。

三峡集团作为最早进入海上风电市场的中央企业之一，深入学习贯彻习近平新时代中国特色社会主义思想，认真落实习近平总书记对三峡集团改革发展作出的重要讲话和重要指示批示精神，紧紧围绕国家赋予的新使命新任务，紧抓发展机遇，深耕海上风电市场，提出集中、连片、规模化开发海上风电的发展模式。

近年来，三峡集团把包括海上风电在内的清洁能源作为核心主业全力推进，2021 年 6 月所属子企业中国三峡新能源（集团）股份有限公司（以下简称“三峡能源”）成功上市，成为国内电力行业历史上规模最大的 IPO，同时也是 A 股市值最高的清洁能源上市公司之一。三峡集团加快构建百万千瓦级基地陆续建成、千万千瓦级基地分期建设的格局，不断巩固海上风电集中连片规模化开发优势，推动实现海上风电规模、管理、技术、标准、人才、品牌等“六个引领”，勇担海上风电产业链“链长”职责，促进我国海上风电全产业链一体化高质量发展，为构建清洁低碳、安全高效能源体系提供有力支撑，为发展海洋经济、建设海洋强国贡献力量。

三峡集团以国家能源安全和“双碳”目标战略为指引，深入践行党中央、国务院赋予三峡集团“六大作用”战略发展定位，主动融入、服务广东省培育新能源产业集群、建设海洋强省发展大局，充分把握国家出台补贴政策支持海上风电规模化、商业化开发的重要窗口期，举全集团之力，坚定不移地推动阳江百万千瓦级海上风电场的建设（见图 1-1），2021 年 12 月，项目顺利实现全容量并网。项目立项、核准、开工、建设到全容量并网，是三峡集团将学习贯彻习近平新时代中国特色社会主义思想与推动“双碳”目标战略发展新局面的实践工作统一起来，落实好习近平总书记的重要指示批示精神，承担好国家赋予发展新能源事业的光荣使命，解决我国新能源事业发展中存在的矛盾问题，推动我国新能源事业取得新进展、新突破的一次实践。项目全容量并网不仅为粤港澳大湾区高质量发展提供了动力，还起到了海上风电规模化开发“排头兵”作用，为我国集中规模化开发海上风电提供成功经验。

（a）

（b）

图 1-1　三峡广东阳江百万千瓦级海上风电场

（a）海上风电场整体景象；（b）风机“群”特写

1.2　中国首个百万千瓦级海上风电场基本情况

1.2.1　海上风电场建设内容

三峡广东阳江沙扒 200 万 kW（以下简称“三峡阳江沙扒”）海上风电项目位于广东省阳江市沙扒镇南面海域，共规划六期，总装机容量 200 万 kW。项目由三峡能源区域公司三峡珠江发电有限公司（以下简称“三峡珠江公司”）所属三峡新能源阳江发电有限公司（以下简称“三峡阳江公司”）进行项目开发、建设。项目共布置 315 台海上风力发电机组，共建 4 座海上升压站，采用 220kV 海缆接入陆上集控中心。同时，该项目也是全国首个百万千瓦级海上风电基地，为我国海上风电集中连片规模化开发先行先试（见图 1-2）。项目规划的六期各自主要情况如下。

三峡阳江沙扒一期 300MW（以下简称“三峡阳江沙扒一期”）海上风电项目安装 55 台 5.5MW 风机，配套建设 1 座 220kV 海上升压站。电能经过 2 回 220kV 海缆输送至阳西县上洋镇沿岸登陆，新建 1 回 220kV 线路统一通过架空线路接入阳江 220kV 汇能变电站。

三峡阳江沙扒二期 400MW（以下简称“三峡阳江沙扒二期”）海上风电项目安装 62 台 6.45MW 风机，配套建设 1 座 220kV 海上升压站。电能通过 2 回 220kV 海缆输送至

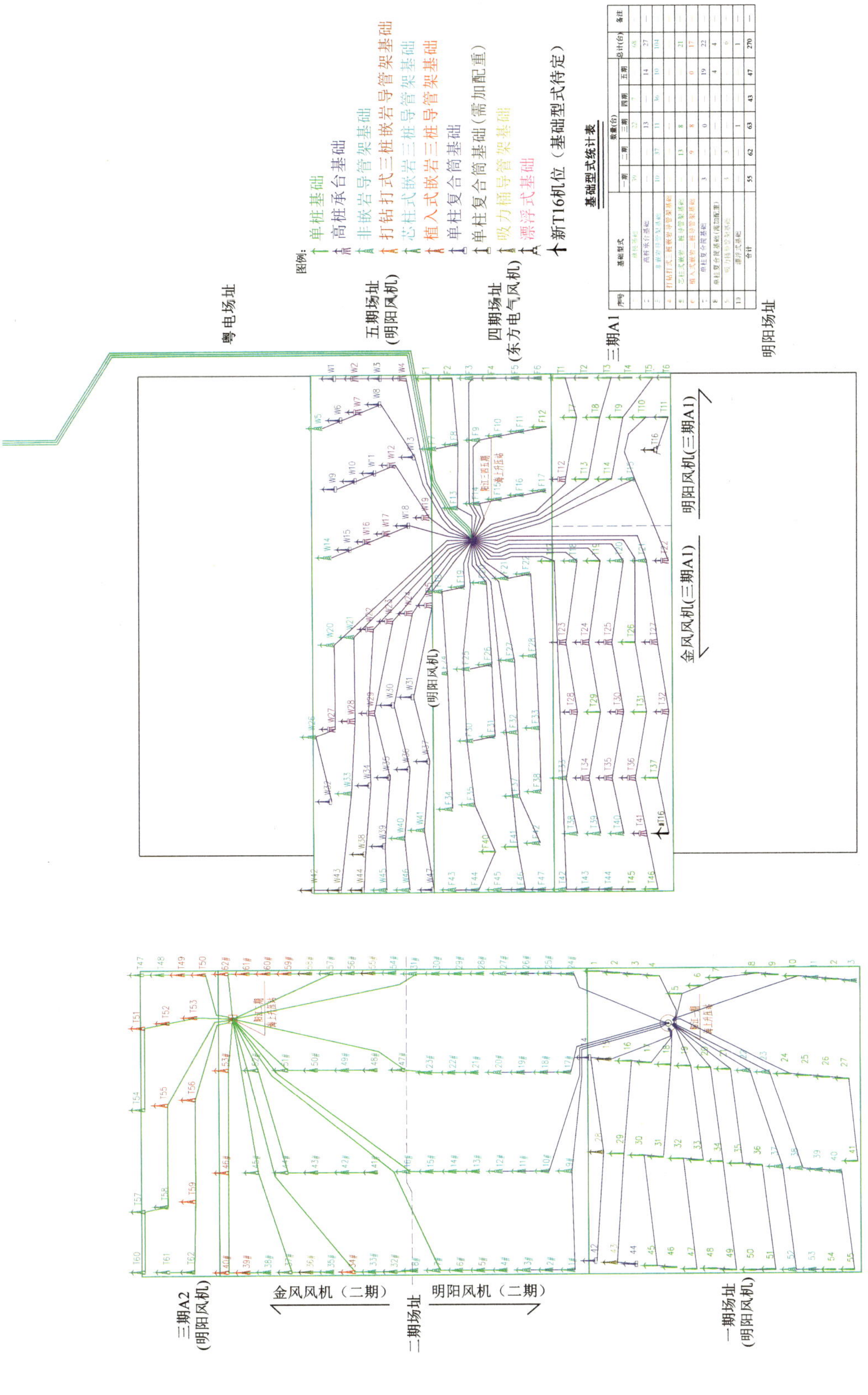

序号	基础型式	数量(台) 一期	二期	三期	四期	五期	总计(台)	备注
1	单桩基础	30		22	7		68	—
2	高桩承台基础	—	—	13	—	14	27	—
3	非嵌岩导管架基础	10	37	11	36	10	104	—
4	打钻打式三桩嵌岩导管架基础	—	—	—	—	—	—	—
5	芯柱式嵌岩三桩导管架基础	—	13	8	—	—	21	—
6	植入式嵌岩三桩导管架基础	—	9	8	—	0	17	—
7	单柱复合筒基础	3	—	0	—	19	22	—
8	单柱复合筒基础(需加配重)	—	—	—	—	4	4	—
9	吸力桶导管架基础	3	3	—	—	—	6	—
13	漂浮式基础	—	—	1	—	—	1	—
	合计	55	62	63	43	47	270	—

图 1-2　三峡阳江沙扒海上风电场总体布置

阳西县上洋镇沿岸登陆，再升压至500kV后送出，新建1回500kV线路接至500kV鹅凰变电站。

三峡阳江沙扒三期400MW（以下简称“三峡阳江沙扒三期”）海上风电项目安装61台6.45MW风机和1台5.5MW风机；三峡阳江沙扒四期300MW（以下简称“三峡阳江沙扒四期”）海上风电项目安装43台7MW风机；三峡阳江沙扒五期300MW（以下简称“三峡阳江沙扒五期”）海上风电项目安装47台6.45MW风机。三峡阳江沙扒三期、四期、五期海上风电项目合计装机容量1000MW。海上风电场内配套建设1座220kV海上升压站，位于四期项目场址内。电能通过3回220kV海缆输送至阳西县上洋镇沿岸登陆，一期项目至五期项目合建1座陆上集控中心。

三峡阳江沙扒海上风电场在电网系统中由峡阳海上风电场（1300MW）、峡沙海上风电场（400MW）、蕴阳海上风电场（300MW）三个海上风电场组成。特别是蕴阳海上风电场安装44台6.45MW风机和2台8.3MW风机，配套建设1座220kV海上升压站和1座陆上集控中心。电能经过35kV海缆接入海上升压站，升压后通过2回220kV海底电缆输送至阳西县上洋镇沿岸的陆上集控中心。

为应对复杂的地质条件，项目创新使用了多种施工技术和基础型式，其中吸力筒导管架、单柱复合筒、芯柱式嵌岩导管架、大直径四桩导管架等多个基础型式均为国内首次使用，并完成了目前国内海上风电行业唯一一个斜桩嵌岩海上升压站导管架基础。同时，项目在建设过程中不断优化施工工艺，提升工效，多次创下国内海上风电施工速度的记录。

1.2.2 海上风电场建设创新

三峡阳江沙扒海上风电项目建设过程中，在设计、监理、施工、设备供应等各单位的共同努力下，先后克服了阳江海域自然环境恶劣、施工质量安全管控难度大等困难。项目建设高峰期施工船只达110余艘，施工作业人员近2000人。三峡阳江沙扒二期至五期海上风电项目及蕴阳海上风电项目从下海施工到机组全容量并网工期均不到20个月。项目通过组织机制保障，狠抓质量安全管控，成功实现了质量安全双零目标。

项目克服了抢装压力巨大、施工资源供不应求的困难。统筹安排全国26家钢结构生产制造商参与结构件生产，保障供货进度；在阳江市政府支持下租用堆场码头保障大部件储备，大幅度提高了海上风机安装施工效率；锁定数十艘国内外先进施工和运输船舶，保障了现场施工效率及冬季施工可靠性。

项目克服了阳江海域海况恶劣、施工窗口期短的困难。2021年施工窗口期突破200d，率先打破单船单月10台风机安装纪录，单年完成264台风机安装，创国内单个海上风电施工之最。

项目克服了地质条件复杂、施工组织繁杂的困难。因地制宜优化设计方案，以不同的基础型式应对复杂地质条件，创新使用单桩、四桩非嵌岩导管架、高桩承台、单柱复合筒、吸力筒导管架、芯柱式嵌岩三桩导管架、植入式嵌岩三桩导管架、漂浮式基础共计8种基础型式，成功打造了海上风电“基础博物馆”，创世界海上风电基础型式之最。

此外，项目在当期还实现了多项之最和第一。项目完成了最难斜桩植入嵌岩海上升压站导管架安装；建成了当期亚洲单体容量最大海上升压站，完成3000t级最重海上风电导管架吊装；建成了海上风电项目 500kV 陆上升压站，敷设了国内首根大容量 $3\times1000mm^2$ 光电复合海缆，投运了全球首台抗台风型漂浮式风机。

1.2.2.1　中国首个大直径四桩导管架基础

三峡阳江沙扒海上风电项目使用的国内首个大直径四桩导管架基础是常规四桩导管架基础桩径的两倍左右（见图 1–3）。非嵌岩四桩导管架基础是海上风电使用最多的基础型式，其适用地质范围广，入泥深度超过 40m 就可应用，适用水深为 10～50m。水浅区域导管架结构的造价较高，水越深越凸显其经济性，且施工难度可控、质量可靠[1]。大直径非嵌岩四桩导管架基础型式，在适应地质条件的同时进一步缩短施工周期、提高施工效率。

图 1–3　首个大直径四桩导管架

1.2.2.2　中国首个芯柱嵌岩三桩导管架基础

深水嵌岩施工难度大，工序繁琐，且国内无相关经验。三峡阳江沙扒海上风电项目成功使用国内海上风电行业首个深水嵌岩导管架基础，为海上风电基础嵌岩提供了可靠的施工、技术参考经验。项目芯柱式三桩嵌岩基础主体结构由三根倾斜的主导管和两层斜撑杆组成，斜撑杆采用“X”形连接形式，均由圆形钢管焊接而成。施工过程中，嵌岩桩的垂直度易受地质条件及海况等因素的影响。为保证嵌岩桩施工质量，在嵌岩施工时，通过旋挖桩显示台上的机械对中定位，利用扩孔施工中的导向器、扶正器等工具保证钻孔的垂直度和后期钢筋笼顺利下放（见图 1–4）。

1.2.2.3　中国首个吸力筒导管架基础

项目安装的吸力筒导管架基础是筒型基础技术在国内首次应用在大型风机基础上（见图 1–5），导管架体总高 63m，由 3 个直径约为 13m、高约 11m 的吸力筒和高 52m 的上部导管架组成，总重量约为 1560t，通过吸力泵使筒内外形成压差，在压力的作用下下沉贯入持力层。

项目吸力筒导管架基础结构由多个吸力筒和导管架组成。导管架由数根倾斜的主导管和多层斜撑杆组成，斜撑杆采用“X”形连接形式，均由圆形钢管焊接而成。筒顶盖板布置加强肋板与翼板，吸力筒与导管架腿通过连接件相连接。导管架下段与吸力筒顶板通过连接件连接，将上部结构荷载传到基础中，主导管之间采用“X”形撑杆连接，平台板底部通过大梁进行加强。

图 1-4　首个芯柱嵌岩三桩导管架基础

图 1-5　首个吸力筒导管架基础

1.2.2.4　南海海域首个单柱复合筒基础

在南海海域首次创新使用单柱复合筒基础，基础底部的筒体直径 36m，相当于两个半标准篮球场大小。其整体结构为“单柱+连接件+筒体”的全钢结构。通过连接结构有效地发挥了单桩和传统筒型基础结构的优势，主要解决近海深水海域水深、浪大、基岩埋深浅、施工窗口期短的工程难题（见图 1-6）。

单柱复合筒基础适用于海床为砂性土或软黏土的浅海域，靠负压进行安装，靠自重及筒侧阻力使基础稳定。基础依靠自身重力沉放入海床面后进行抽水和抽气，因此对吸力筒沉放就位、调平、密封、纠偏等技术要求较高[2]。吸力筒可以在陆上进行基础预制，通过浮运方式到达指定机位，实现一步式现场安装。因此，可以有效地避免桩基沉桩、嵌岩等施工难题，从而大幅度提高岩基海床海上风电场的建设效率，缩短建设周期。

1.2.2.5　中国同等装机容量下重量最轻的海上升压站

三峡阳江沙扒一期海上风电项目海上升压站长 42m、宽 39m、高 36m，总重量 2692t，是国内同等容量下重量最轻的海上升压站（见图 1-7）。

图 1-6　首个单柱复合筒基础

图 1-7　国内同等容量下重量最轻的海上升压站

1.2.2.6　中国单体容量最大交流海上升压站

三峡阳江沙扒三期、四期、五期海上风电项目海上升压站总容量 900MW，上部组块尺寸长 53m，宽 41m，高 17m，总重量超 4000t，为项目建设当期国内单体容量最大的交流海上升压站（见图 1-8）。

1.2.2.7　南海海域批量吊装单机容量最大的风机

项目建设当期南海海域批量吊装单机容量最大的风机是由东方风电设计制造的，单机容量为 7MW，其轮毂中心高度达 113m，叶轮直径 186m，扫风面积超过 26 000m^2，相当于三个足球场的面积（见图 1-9）。

1.2.2.8　全球首台抗台风型漂浮式风机

三峡集团牵头设计制造的“三峡引领号”漂浮式风机，是全球首座抗台风型漂浮式风机，也是我国首台半潜浮动式海上风力发电系统装备[3]。其主要由半潜式浮体、系泊锚固系统、风电机组及塔筒、动态电缆和智能监测系统 5 部分组成，单机容量 5.5MW，排水量 13 000t、设计抗台风等级为 17 级。在广东省政府的支持下，项目以科研示范项目的形式于 2018 年初正式启动研究，2020 年 5 月正式启动试验样机工程建设，2021 年 7 月完成海上安装，2021 年 12 月 7 日顺利实现商业化并网发电，如图 1-10 所示。

图 1-8　国内单体容量最大海上升压站

图 1-9　东方风电 7MW 风机吊装

图 1-10　“三峡引领号”

“三峡引领号”采用“科研+工程”的模式开展相应的研发和技术攻关工作，结合我国海上风电高质量发展的需求，超前布局深远海风能资源的开发。通过样机工程的方式，验证最先进的风力发电系统装备和施工关键技术，为我国漂浮式风电商业化发展先行先试，积累宝贵的研发、技术和工程经验。“三峡引领号”是基于我国南海海域特有的气象、地质条件，建成的我国首个浮式海上风电试验样机工程，实现我国浮式海上风电建设从0到1的突破。“三峡引领号”的成功并网运行使我国的漂浮式海上风电技术成熟度从4级跃升至7级。与此同时，项目团队攻克了多项设计难点，取得了多项技术突破，并形成自主核心知识产权。

1.2.3　中国首个百万千瓦级海上风电场建设意义

1.2.3.1　整体效益

三峡阳江沙扒海上风电项目建成后每年可提供清洁能源超50亿kW·h，相当于每年可节约标准煤约175万t，减排二氧化碳约460万t，可满足约240万户家庭年用电量，将为粤港澳大湾区能源结构转型，早日实现“碳达峰、碳中和”目标提供有力支持。

项目总投资规模巨大，开发建设所需的土建材料及设备主要在当地采购，并积极推动全产业链在广东投资，推动了当地劳动力市场和建材市场的繁荣，增加了就业机会，项目建成投产后，在正常生产经营年份每年缴税超过4亿元。

1.2.3.2　社会经济效益

三峡阳江沙扒海上风电项目的成功投产运行，全方位带动了广东省海工装备制造业发展，推动了阳江风电装备制造基地升级发展。通过该项目三峡集团牵头和参与打造了阳江市风电产业“一港四中心”中的运行维护中心和产业创新中心，提供100亩（1亩=666.7m^2）土地用于中国水利水电第四工程局有限公司（以下简称“水电四局”）发展风电装备制造，该企业月产能达6000t，年产值约10亿元；协助阳江市政府引进了金风科技、明阳智能、东方风电、宁波东方集团有限公司、江苏中车电机有限公司等22家风电产业链上下游企业落户阳江，总投资近200亿元，基本涵盖了风电装备制造全产业链，具有较高的社会带动效益。

1.2.3.3　资源节约效益

三峡阳江沙扒海上风电项目通过集中规模化开发，节约项目用海用地资源，对后续海上风电建设具有较强的示范作用。

集约用海方面，项目采用整体规划、整体送出模式，采用大容量海上升压站及风机、大直径海底电缆、大集控运行维护模式、优化海缆路由，相较于分期常规建设减少40台风机基础、2座海上升压站、3回220kV海缆，相当于总节约用海面积232hm^2，并采用同一海缆登陆电缆隧道，最大限度减少对海岸线及海洋资源的占用。

集约用地方面，项目采用五期项目共建一个陆上集控中心，采用一体化设计、立体化布局的方式进行规划与建设，最大限度集约化使用土地。整个五期项目集控中心占地90亩，相较于分期常规建设单期项目陆上集控中心节约用地面积40亩。

项目通过规模化、集约化建设，节约项目用海用地资源，对后续海上风电建设具有较好的示范作用。

1.2.3.4　行业发展效益

（1）优化布局近岸海上风电场

三峡阳江百万千瓦级海上风电项目实现了首个百万千瓦级项目的建设投产，其建设过程中采用了众多技术创新及管理创新，为近岸海上风电项目提供了可靠的施工技术和建设经验，为克服众多建设问题提供了解决办法，同时通过规模化开发的示范效应进一步优化近岸海上风电场的后续布局规划。

（2）推动深远海海上风电的发展

在优化布局近岸海上风电场的同时积极为深远海海上风电发展储备技术，以破壁的创新态度，研发了全球首台抗台风型漂浮式风机机组“三峡引领号”，在国内首次应用漂浮式风电机组—基础平台—系泊系统及动态电缆一体化分析技术，突破浅水效应下的漂浮式风机机组系泊系统、动态电缆设计研究关键技术，以及全球首台抗台风型漂浮式风机机组，通过该台漂浮式风机的投产运行，为进一步推进深远海海上风电项目开发提供技术储备。

（3）推动海上风电全产业链升级

项目在建设过程中针对海上风电全产业链“卡脖子”问题，加大科技攻关力度，提高装备国产化率，推动关键核心技术实现国产化突破，对我国海上风电产业链快速发展具有较强的推动作用。

1.3 中国首个百万千瓦级海上风电场建设大事记及影像记录

中国首个百万千瓦级海上风电场建设大事记见表 1-1～表 1-5。

表 1-1 中国首个百万千瓦级海上风电场大事记

大 事 记	时 间
卢纯董事长调研阳江等城市风电业务，副总经理毕亚雄参加调研	2016 年 07 月 11 日
卢纯董事长拜访广东省省长马兴瑞，推进广东省海上风电集中连片规模化开发，总经理王琳参加座谈	2017 年 06 月 19 日
三峡集团广东分公司、三峡珠江发电有限公司揭牌	
卢纯董事长拜访广东省省长马兴瑞，提出在广东全力打造“海上风电三峡”，总经理王琳参加座谈	2018 年 02 月 23 日
阳江市发展和改革局核准三峡阳江沙扒一期海上风电项目	2018 年 03 月 28 日
广东省人民政府下发一期项目海域使用批复	2018 年 03 月 28 日
三峡阳江沙扒海上风电项目全面开工	2018 年 12 月 03 日
阳江市发展和改革局核准三峡阳江沙扒二期海上风电项目	2020 年 05 月 08 日
广东省自然资源厅下发二期项目海域使用批复	2020 年 05 月 28 日
阳江市发展和改革局核准三峡阳江沙扒四期海上风电项目	2020 年 08 月 05 日
阳江市发展和改革局核准三峡阳江沙扒三期海上风电项目	2020 年 09 月 24 日
广东省人民政府下发三期项目海域使用批复	2020 年 09 月 24 日
广东省人民政府下发四期项目海域使用批复	2020 年 09 月 24 日
阳江市发展和改革局核准三峡阳江沙扒五期海上风电项目	2020 年 09 月 29 日
广东省人民政府下发五期项目海域使用批复	2020 年 09 月 29 日
雷鸣山董事长拜访广东省省长马兴瑞，进一步推进广东省海上风电集中连片规模开发，副总经理王良友参加座谈	2020 年 11 月 26 日

续表

大 事 记	时 间
三峡阳江沙扒海上风电项目第 100 台风机吊装完成	2021 年 05 月 01 日
三峡阳江沙扒海上风电项目第 200 台风机吊装完成	2021 年 08 月 28 日
三峡阳江沙扒海上风电项目第 300 台风机吊装完成	2021 年 11 月 15 日
三峡阳江沙扒一期至五期海上风电项目全容量并网投产	2021 年 12 月 25 日
雷鸣山董事长拜访广东省委书记黄坤明、省长王伟中，推动落实“双碳”目标，总经理韩君、副总经理王良友、副总经理王武斌参加座谈	2023 年 06 月 08 日

表 1-2 三峡阳江沙扒一期海上风电项目工程建设大事记

大 事 记	时 间
海上主体工程全面开工	2018 年 12 月 03 日
首台明阳智能 5.5MW 风机下线	2018 年 12 月 28 日
首台国内直径最大、最重的单桩基础沉桩成功	2019 年 06 月 26 日
首台非嵌岩四桩导管架施工完成	2019 年 07 月 25 日
海上升压站吊装成功	2019 年 08 月 21 日
首台风机吊装成功	2019 年 09 月 29 日
首批风机并网发电	2019 年 11 月 29 日
最后一台非嵌岩四桩导管架施工完成	2020 年 06 月 09 日
首台吸力筒导管架安装成功	2020 年 08 月 09 日
最后一台单桩施工完成	2020 年 09 月 10 日
南海首台单柱复合筒安装成功	2021 年 03 月 19 日
全部风机基础完工	2021 年 05 月 01 日
全部机组投产	2021 年 06 月 08 日

表 1-3 三峡阳江沙扒二期海上风电项目工程建设大事记

大 事 记	时 间
首台大直径非嵌岩四桩导管架基础沉桩	2020 年 06 月 23 日
首台芯柱嵌岩三桩导管架基础嵌岩施工	2020 年 07 月 12 日
首台植入嵌岩三桩导管架基础嵌岩施工	2020 年 07 月 20 日
首套导管架安装	2020 年 08 月 27 日
首台风机安装	2020 年 09 月 23 日
首根 220kV 海缆敷设完成	2020 年 11 月 13 日
海上升压站基础嵌岩施工完成	2020 年 11 月 21 日
海上升压站吊装	2020 年 12 月 27 日
首根 35kV 海缆敷设完成	2020 年 12 月 27 日
首批机组并网（明阳智能 9 号）	2021 年 03 月 12 日

续表

大　事　记	时　间
海上升压站带电并网	2021 年 06 月 09 日
首台金风科技风机并网（金风科技 57 号）	2021 年 06 月 09 日
大直径非嵌岩四桩导管架基础施工完成	2021 年 08 月 24 日
植入嵌岩三桩导管架基础嵌岩施工完成	2021 年 09 月 02 日
芯柱嵌岩三桩导管架基础嵌岩施工完成	2021 年 09 月 22 日
风机全部安装完成	2021 年 09 月 28 日
35kV 海缆敷设完成	2021 年 10 月 02 日
全容量并网发电	2021 年 11 月 27 日

表 1-4　三峡阳江沙扒三期、四期、五期海上风电项目工程建设大事记

大　事　记	时　间
首台非嵌岩四桩导管架施工完成	2020 年 11 月 19 日
首根 220kV 海缆敷设	2020 年 11 月 23 日
海上升压站吊装成功	2020 年 12 月 25 日
国内直径最大、桩长最长的高桩承台嵌岩基础施工完成	2021 年 01 月 05 日
最后一台单桩施工完成	2021 年 01 月 28 日
首根 35kV 海缆敷设	2021 年 03 月 06 日
首台三桩植入式嵌岩基础施工完成	2021 年 06 月 09 日
首批风机并网发电	2021 年 08 月 21 日
全球首台抗台风型漂浮式风机施工完成	2021 年 08 月 31 日
首台单柱复合筒基础安装成功	2021 年 09 月 14 日
最后一台高桩承台基础施工完成	2021 年 09 月 16 日
阳江市供电局粤西 500kV 接入系统工程投产	2021 年 09 月 29 日
最后一根 220kV 海缆敷设	2021 年 10 月 21 日
最后一台非嵌岩四桩导管架施工完成	2021 年 10 月 26 日
首台三桩芯柱式嵌岩基础施工完成	2021 年 10 月 27 日
500kV 海上升压站送电成功	2021 年 10 月 31 日
最后一台三桩芯柱式嵌岩基础施工完成	2021 年 11 月 18 日
最后一台单柱复合筒施工完成	2021 年 11 月 25 日
全部风机基础完工	2021 年 12 月 04 日
漂浮式风机并网发电	2021 年 12 月 06 日
风机吊装完成	2021 年 12 月 13 日
最后一根 35kV 海缆敷设	2021 年 12 月 17 日
全容量并网发电	2021 年 12 月 25 日

表 1-5 蕴阳海上风电项目工程建设大事记

大 事 记	时 间
项目开工	2020 年 04 月 18 日
首台风机基础施工	2020 年 04 月 18 日
首台风机安装	2020 年 08 月 22 日
首回路 220kV 海缆敷设	2021 年 03 月 15 日
海上升压站导管架基础开工	2021 年 05 月 01 日
海上升压站吊装	2021 年 07 月 08 日
全部风机基础施工完成	2021 年 10 月 22 日
全部风机吊装完成	2021 年 11 月 01 日
全部机组并网	2021 年 12 月 23 日

中国首个百万千瓦级海上风电场首台机组下线如图 1-11 所示。

（a） （b）

图 1-11 中国首个百万千瓦级海上风电场首台机组下线和首台机组吊装成功

（a）首台机组下线；（b）三峡阳江沙扒二期海上风电项目首台风机吊装

第2章

海上风电场工程建设特点及面临的困难与挑战

2.1 项目建设特点

2.1.1 风能资源

三峡阳江沙扒海上风电场位于南海的近海浅水海域，场址平均风功率密度为Ⅳ级，风能资源较为丰富。主导风能风向为东北东向，风向较为集中。同时场址所在海区是西北太平洋和南海热带气旋活动及登陆的主要地区之一，台风活跃[4]。台风暴潮灾害发生次数多、强度大、连续性明显，影响范围广，突发性强，灾害损失大。影响工程水域的台风平均每年出现2次，一般多出现于7—9月。

2.1.2 海洋水文

本工程场址海域潮汐属不正规半日潮。小潮期间各测站垂线平均流向多呈现单向流，主要集中在东北东流向；大潮期间各测站垂线平均流向也呈现单向流，主要集中在西流向；中潮期间呈现旋转流与单向流交替特征，单向流主要集中在西南西和西流向。潮流流速小潮最大、大潮最小，潮段平均流速呈现近岸小、远岸大的变化趋势。波浪没有明显的固定特性，在不同天气条件下体现了不同的特征：

1）在无风或者微风（3级以下风）情况下，阳江海域波浪呈现涌浪特性，风浪成分非常小。

2）在较大风（3级以上风）作用下，阳江海域波浪中的风浪成分增加。若涌浪较大，则呈现混合浪特性；若涌浪较小，则呈现风浪特性。

3）台风过境时，阳江海域波浪中一直存在着明显的涌浪成分，在较早时刻存在着较明显的风浪成分，在较晚时刻则存在着较大的风暴潮成分。

海上风电机组基础建成后，潮流和波浪引起的水体粒子运动会受到显著的影响。首先，在风机基础的前方会形成一个马蹄涡；其次，在风机基础的背流处会形成涡流（卡门涡街）；最后，在风机基础的两侧流线会收缩。这种局部流态的改变，会增加水流对底床的剪切应力，从而导致水流挟沙能力提高。如果底床是易受侵蚀的，那么在风机基础局部会形成冲刷坑，可能影响基础的稳定性[5]。

2.1.3 工程地质

海上风电场场区地形整体上呈西北高东南低的形态。工程场址在大地构造上属于华南加里东褶皱带。中生代东南沿海大陆发生强烈的断块构造并伴随大量多期的岩浆侵入。喜马拉雅旋回以断裂及其控制的断块活动为主，沿断裂发育一些小型的断陷和坳陷盆地。新近纪陆区大面积抬升，海域整体沉降。综合考虑区域地质构造、地震动峰值加速度值及历史地震等因素，场址区域构造稳定性较好。

海水对混凝土结构具有中等腐蚀性；对钢筋混凝土结构中的钢筋在长期浸水环境下具有弱腐蚀性，在干湿交替环境下具有强腐蚀性；对钢结构具有中等腐蚀性。地基土对混凝土结构具有弱腐蚀性；对钢筋混凝土结构中的钢筋具有强腐蚀性；对钢结构具有强腐蚀性。

工程场址地下水按赋存形式和埋藏条件，分为松散岩类孔隙水和基岩类裂隙水两种类型。松散岩类孔隙水主要赋存于第四系全新统海积地层、第四系上更新统海陆交互相地层以及土状风化岩层内。场区内上部的淤泥、淤泥质土、黏性土层渗透性差，为相对隔水层；砂性土层为含水层。基岩裂隙水主要赋存于基岩的风化裂隙、构造裂隙及断层破碎带中，受岩体风化程度和裂隙发育程度控制，富水性不均。

2.2　项目建设面临的困难与挑战

2.2.1　自然条件挑战

海上风电场大部分工程都是离岸施工，工作场地远离陆地，受海洋气候及环境影响较大。在建设过程中，自然灾害风险是不可避免的影响因素。

2.2.1.1　地质条件复杂

工程场址位于阳西县沙扒镇以南海域，海域宽阔，场区内未见岛屿分布，海底地形总体平缓，呈西北高东南低趋势，地貌类型主要为海积平原。项目场区由北向南覆盖层厚度逐渐变大，整体厚度约20～110m，但场址内分布极不均匀，岩面起伏大，部分覆盖层仅有10m，如图2-1所示。场区覆盖层常夹有强度较大的岩层，其中软弱层与强硬层互层较为常见；下伏基岩为花岗片麻岩和泥质砂岩，其中强风化花岗片麻岩遇水易发生崩解，对场区内嵌岩基础施工造成较大困难。

2.2.1.2　台风频发、海况恶劣

我国东部、南部海域，易受到强降雨与台风天气的共同影响，以及冬季季风气候影响[6]。其中台风对海上风电项目的建设、运行维护安全存在巨大影响，是现有海上风电自然灾害事故的主要诱发因素。夏季东部、南部沿海区域台风、阵风、强雷电比较频繁，台风通常伴随着风暴潮和暴雨，破坏力极大，突发性和随机性强。台风的形成、路径走向和登陆点难以准确预测，尤其是南海海域生成的“土台风”，可预测性极小，且短时间形成，对海上风电施工产生巨大风险和挑战。目前，国内已发生多起因台风导致的风电机组倒塔、叶片折断、船舶走锚撞击风机基础的安全事故，造成巨大的损失。

本工程海域海况复杂，可作业天数短，经统计年度平均可利用窗口期仅为120d，不足全年的1/3。同时，南海海域台风频发，在2019—2021年本项目主要的建设年份内受到21个台风的影响，台风级别与风力等级见表2-1。其中台风“鹦鹉”“查帕卡”正面登陆阳江，台风期间的安全保障难度极大。

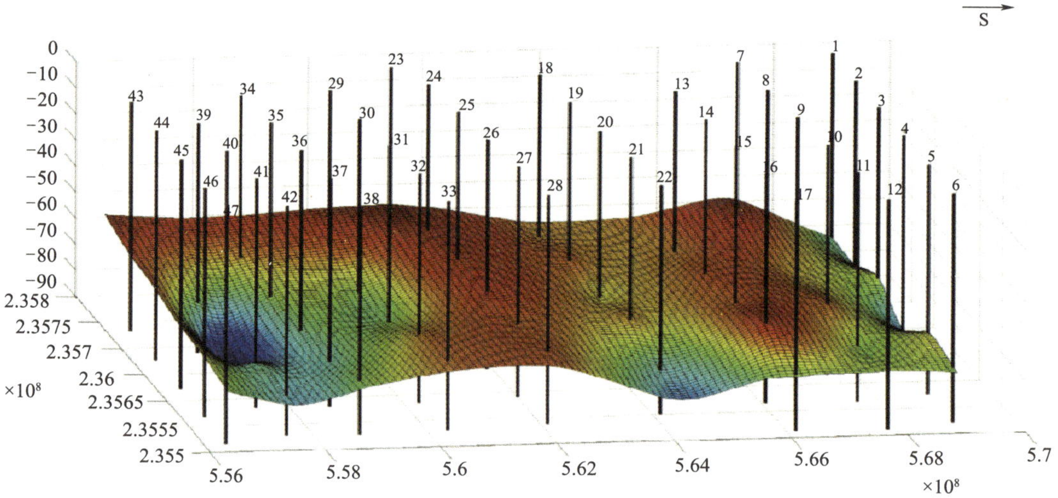

图 2-1　海上风电场区域强风化层岩面起伏示意

表 2-1　工程建设期影响广东的台风统计表

序号	时间（年）	编号	名称	级别	中心附近最大风力等级
1	2019	4	木恩	热带风暴	8
2	2019	7	韦帕	热带风暴	9
3	2019	11	白鹿	强热带风暴	11
4	2019	12	杨柳	强热带风暴	10
5	2019	14	剑鱼	热带风暴	8
6	2020	2	鹦鹉	热带风暴	9
7	2020	3	森拉克	热带风暴	8
8	2020	6	米克拉	台风	12
9	2020	7	海高斯	台风	12
10	2020	11	红霞	强热带风暴	10
11	2020	16	浪卡	强热带风暴	10
12	2020	17	沙德尔	台风	13
13	2021	3	彩云	热带风暴	8
14	2021	4	小熊	热带风暴	8
15	2021	6	烟花	强台风	14
16	2021	7	查帕卡	台风	13
17	2021	9	卢碧	热带风暴	9
18	2021	13	康森	强热带风暴	10
19	2021	17	狮子山	热带风暴	8
20	2021	18	圆规	强热带风暴	12
21	2021	22	雷伊	超强台风	17

2.2.1.3 恶劣环境下救援困难与挑战

雷电、大风、暴雨等极端天气导致的恶劣海况对海上风电场影响巨大，其中包括风浪、洋流等不确定因素引发产生的安全事故[7]。同时随着海上风电场逐步向深远海发展，面临着事故发生后难以及时发现，以及恶劣海况救援难度大等风险。

恶劣的海上环境不仅限制了救援力量的抵达速度，同样也影响了救援人员对事故地点信息的获取，导致缺少被困人员信息、无法制定明确的救援方案。恶劣的风浪条件可能会对救援设备产生破坏性的影响，如导致直升机、救援船只等难以进入事故海域甚至出现失控、倾覆问题；恶劣海上环境及海上风电场复杂的环境特点，对于海上救援人员的专业性提出了更高的要求，而目前缺乏针对海上风电场区域恶劣环境的高素质专业海上救援人员及专用救援设备，存在着较大的安全隐患。海上风电场直升机应急救援演习如图 2-2 所示。

图 2-2 海上风电场直升机应急救援演习

2.2.2 海上风电建设困难与挑战

三峡阳江沙扒海上风电场建设过程存在海上环境恶劣、条件艰苦，技术复杂、工程难度高等风险，同时海上风电建设期涉及风机基础、风机安装、海缆敷设、海上升压站建造安装等施工，工序复杂交错，各个施工环节均面临相应的施工挑战。

2.2.2.1 海上施工困难与挑战

1. 风机基础施工

海上风电机组基础按结构型式及安装方法，分为打入式基础（见图 2-3）、嵌岩基础、筒型基础、浮式基础[8]。基础施工的最大风险在于打入式基础沉桩施工的拒锤及溜桩、嵌岩基础的沉桩卷边与钻孔过程中的塌孔、筒型基础的运输中筒基屈曲变形控制，以及现场负压下沉与调平等。

2. 风机安装施工

按照海上风电机组安装工艺不同，海上风电机组设备安装分为整体吊装方式和分体吊装方式两种。目前以分体安装为主要的风机安装方式，是将风电机组的各个部件运抵机位后，由自升式平台上配备的吊机将各个部件按先后顺序分别吊到指定部位进行组装，在安

图 2-3　海上风电机组打入式单桩基础

装过程主要的风险如下。

1）风机安装船升船、降船的风险。受海底复杂地质条件的影响，风机安装船桩腿插拔过程存在刺穿、滑移、冲刷掏空等风险，一旦发生将严重影响安装船的作业安全。参与本项目的安装船有广州打捞局“华祥龙号”、福建省船舶工业集团有限公司“福船三峡号”和“大桥福船号”等，插拔桩腿 300 余次，未发生一次险情。

2）风机运输船进点就位时，因潮位、风与波浪对运输船的影响，运输船存在恶劣海况下走锚撞击风机安装船支腿的风险，一旦发生将对安装船的安全稳定性造成极大的影响。

3）风机叶片的安装过程，尤其是采用三叶片安装方式（见图 2-4），其高空对接过程中，对安装精度要求高，易受到现场突风影响，存在叶片轮毂整体撞击起重机吊臂和机舱的风险。本项目全部使用的是叶轮整体吊装，即三叶片安装，未发生一起叶轮吊装事故。

图 2-4　风机三叶片安装

3. 海缆敷设施工

海缆敷设分场内集电海缆、高压送出海缆及登陆段海缆施工。对于集电海缆与高压送出海缆，风险主要在于海缆敷设距离远、所需连续窗口期较长，以及海底电缆穿越航道，受海况影响敷设过程中存在截缆的风险。特别对于场区内集电海缆，其敷设通常与其他施工并行作业，如风机安装、基础施工等作业同时进行，已敷设完成的海缆可能受到现场其他施工作业的插桩、抛锚的影响。

项目所在阳江海域航道较为繁忙，特别是杂货船、集装箱船和渔船等数量众多，存在海缆敷设完成后由于过往船只抛锚而影响海缆的风险。2021 年 10 月，项目在施工过程中，就遇到了其他海上风电场起重船因台风出现走锚失控的情况，险些对本工程造成事故。由于三峡阳江公司自租大马力拖轮救助及时，失控船只在距离海上风电场 220kV 主缆仅几百米处被拦停，避免了一次重大海缆事故发生，现场情形详见第 7 章。海缆敷设下埋深犁如图 2–5 所示。

图 2–5　海缆敷设下埋深犁

4. 海上升压站运输及安装施工

海上升压站上部组块的体积和重量大，设备精密度高。通常海上升压站上部组块采用陆上建造后整体运输至海上安装，海上升压站内电气设备均在建造厂内安装，而电气设备对各类振动及加速度要求较高；海上升压站上部组块在运输过程中受船舶稳定性的影响，可能造成海上升压站电气设备损坏。

海上作业过程受制于海况影响，超大体积与重量的模块吊装，其主钩挂钩，吊装就位难度大、风险高。本项目三峡阳江沙扒一期海上风电项目海上升压站就因海况条件差，吊装过程耗时近 72h（见图 2–6）。

2.2.2.2　海上施工装备及人员管理不健全的挑战与难点

1. 主体责任落实的挑战

受海上风电行业发展现状制约，该行业虽处于高速发展状态，但各项配套制度和措施不齐全。通常企业的安全生产责任制，大多由安全管理人员制定，再由相关责任人签字。

海上风电特殊作业条件导致的管理难度大、人员流动大、管理成本高，尤其落实层面管理人员与施工工人对于安全责任规定是否了解，企业是否尽到安全管理职责，企业安全投入是否到位，是否存在个别企业因追求效益而忽视作业人员上岗前安全培训等问题，均可能给施工安全和企业安全造成很大隐患。

图 2-6　三峡阳江沙扒一期海上风电项目海上升压站吊装实景

2. 海上风电行业法规及规范不健全的难点

随着海上风电场规模的不断扩大，在建设、调试及运营阶段，越来越多的施工船只和施工、运行维护人员涌入，且海上作业面广、施工周期长、施工难度大，这对海上风电场周围的船舶管理、船舶改装管理、作业人员管理、锚地管理等方面造成了更大的挑战和风险。

由于海上风电发展时间较短，海上风电行业法规及规范尚需健全。从而导致海上风电行业大型船只违规改装、海上风电作业人员无资质作业、台风天气人员及船只违规作业等情况时有发生，却缺乏相应的行业法规及规范进行相应的管理及惩罚机制。

3. 海上风电场作业人员培训基地及发证机构不健全的难点

中华人民共和国海事局新印发的《海上设施工作人员海上交通安全技能培训管理办法》，对我国海上施工作业人员安全技能提出了更规范的管理办法。

但目前针对海上风电这一特殊作业场景的人员的安全技能培训存在缺失，或仅依托企业内部建立的管理及培训办法，或依托特定领域培训机构的安全培训，缺乏规范性、完善性、针对性，难以完全保障海上风电作业人员安全。

2.2.2.3　大型作业船只、装备质量参差不齐的困难与挑战

1. 大型作业船只、大型装备短缺困难与挑战

我国海上风电产业迅猛发展，对海上风电大型作业船只及装备的需求快速增长。我国目前满足海上风电规模化开发的专业大型作业船舶数量相对不足，尤其是 2020—2021 年的“抢装潮”下，各海上风电建设企业对海上风电施工船舶需求巨大，出现“一船难求”的情况。

我国目前的海上风电大型关键装备的技术性能及数量也明显不足，国外企业对我国海上风电大型施工装备如大型液压冲击打桩锤（见图 2-7）、大直径垂直掘进设备等，采取“只租不售”的方式进行技术垄断，导致海上风电开发建设存在着大型关键装备技术风险。

图 2-7　大型液压冲击打桩锤

2. 大型作业船只、大型装备设计困难与挑战

我国海上风电安装装备与国际先进水平存在一定的差距，目前难以满足我国海上风电快速发展对于海上施工船舶数量及技术性能的需求，可能导致相关装备的生产成本升高、施工效率降低，进而带来施工时的安全风险。虽然目前已经解决了从无到有的问题，但需要继续加强我国在海上风电领域的关键装备的研发能力。

2.2.2.4　海上风电项目配套设计、施工技术标准不足的困难与挑战

1. 风能资源评估及风电机组选型与布置困难

前期测风工作是评估待开发海上风电场风能资源特征和规律的重要手段，可靠完整的测风数据是准确估算发电量、提出合理报价的先决条件，为风机选型与布置、发电量估算，以及整个项目的最终收益率水平测算提供可靠依据。

与陆上测风工作相比，海上测风工作具有施工复杂程度高、技术难度大、建设周期长、投资成本大等特点。因此，存在海上风电项目由于工期和成本制约，在没有进行海上测风或测风数据不完整的情况下开展了可行性研究，造成风电机组选型和布置不够合理，进而影响了整个海上风电场的风能资源利用效率和发电量水平。

2. 估算海上风电场上网电量困难

海上风电场估算年上网电量是在理论发电量的基础上，考虑风机利用率、气候影响、空气密度、功率曲线、风机尾流、风机叶片腐蚀污染、控制和湍流强度、海上风电场内能量损耗等因素的影响，对其进行修正，估算出海上风电场年上网电量。

对于尾流折减系数，取值的误差主要来自尾流模型的选取及模型参数的取值。除尾流损失外的修正系数取值目前尚缺乏科学系统的方法，部分因素的修正系数取值具有一定的随机性。

3. 勘察设计方式方法的困难与挑战

1）海上风电场设计涵盖了岩土、水文、波浪、风机荷载等多个学科，且设计链长、

包含的项目繁多[9]。尤其是土壤参数对基础设计的敏感性很大，我国传统使用钻孔的方法进行地质勘察，通过实验室多种试验得出土壤的参数，存在一定的不确定性，进而影响风机基础设计。

同时由于设备和成本制约，目前海上风电的勘测工作大都由设计院外包给专业的勘测团队承担。由于勘测团队的水平参差不齐且缺乏有效监督，部分地质勘测资料可能存在不准确的情况，对设计和施工都会产生严重影响。

2）风机基础的投资约占全项目投资的 30%，并且与项目建设进度有很大的相关性。和陆上风电不同，海上风电基础的选型与设计很大程度上受船机能力等施工因素的制约。目前海上风电基础设计选型，可能因关注某种基础型式的技术特点和造价成本，忽视对整体施工组织难度的考虑，存在后期因设计方案难以施工而导致的工期延误和成本上升的风险。

3）结构工程中构筑物的上部结构和基础的设计工作通常是由同一家设计单位承担的，此举有利于整体考虑结构各部分的刚度分布，准确模拟结构动态响应，从整体上实现优化设计。

但目前国内的海上风电工程，由于知识产权和资质的制约，风机的基础和上部塔筒分别由设计院和风机厂家设计，这样不仅不利于结构整体响应的模拟，还会造成技术上的缺陷，并导致成本增加。

4. 新机型应用的困难与挑战

随着海上风电的大规模开发，为降低建设成本，风电机组的单机容量也快速增加。单机容量大型化将有效提高风能资源利用效率、提升风电项目投资开发运营的整体经济性、提高海域利用效率、降低度电成本、提高投资回报、利于大规模项目开发。但主机单机容量迭代速度过快，各种机型均为首次使用，其安装运行维护经验及运行监测数据都相对较少，缺乏长期运行实践积累和对设计缺陷不断技术改造的经验。本项目采用的金风科技、东方风电和明阳智能三个制造商的 5 种海上风电机组机型，均为新机型首次批量应用。

2.2.2.5 抢装潮下资源保障落实难度大

本项目建设规模大、施工周期短，并首次采用多种复杂的基础型式和不同品牌的新型大兆瓦风电机组，在海上风电抢装潮及其他客观因素多重影响下，带来了资源保障困难及挑战。

1）风机基础和塔筒的数量及型式繁多且复杂，增大了钢结构生产加工的难度。

2）钢结构、主机和叶片等主要部件的加工产能紧张，从制造到运输的各个环节均易出现滞后的现象。同时，主要部件的生产场地遍布全国，生产能力与出运能力严重不匹配，分散式加工增大了统筹协调难度。

3）海上风电全产业链的扰动效应十分显著，主机、叶片和海缆的部分原材料仍需依赖进口，可能存在供货不及时和原材料紧缺的问题。

2.2.2.6 多工作面组织管理协调难度高

本项目作为国内首个百万千瓦级海上风电项目，从海上施工到陆上生产制造，其规模在海上风电领域都是前所未有的。在建设高峰期，本项目的施工海域汇集了全国海上风电施工单位 14 家、施工人员超 1600 人次、各类施工船舶超百艘，如图 2-8 所示。与此同时，陆上的钢结构加工厂达到了26家，遍布在全国各地。多工作面的同时开工，对于建设单位的组织、管理和协调能力都是一次巨大的考验。

图 2-8　三峡阳江沙扒海上风电场多工作面施工景象

在项目建设过程中，不同参建单位之间需进行工作面移交，各参建单位基于自身施工组织最优考虑，可能导致工作面衔接不畅的情况。基础施工、风机吊装、海缆敷设等多个工作面之间，类似于“船等货、货等船”的现象屡有发生，尤其是在海上风电抢装潮的大背景下，船机资源异常紧张，这更加剧了组织、管理和协调的难度。

2.2.3　海上风电运行维护困难与挑战

2.2.3.1　海上风电场区无人值守困难与挑战

海上风电场区离岸距离较远、长时间处于无人值守环境[10]，海上风电场面临着渔船误闯并抛锚导致的海底电缆破损、海上风电场装备失窃和船舶误撞风电机等问题。海上风电场一旦发生风机故障停机，不仅会产生高昂的维修成本，若遇到由于窗口期而难以维修，则会导致海上风电场长时间无法正常发电，造成巨大的经济损失，严重影响海上风电场长时间稳定运行。

长期无人值守条件下容易导致无法及时发现海上风电场潜在的风机轴承老化、基础结构腐蚀、海缆破损、电缆及基础冲刷等隐形损伤，可能导致风机爆燃，严重时可能引起风电机组坍塌事故。

2.2.3.2　风电机组运行及创新困难与挑战

风电机组作为海上风电场的关键部分，其结构复杂，包含各种精密机械与电气设备，因长时间处于海洋恶劣环境下，导致风机对于日常维护有着较高的要求。

目前，海上风电场保修期一般为5年，期间风机的维护工作由厂商承担。但目前我国缺乏专业运行维护人员，且定期巡检受海况影响，可达性较差，难以保障风机长期稳定运行，进而影响海上风电场高效稳定运行。此外，海上风电厂商对于风机技术参数及实时监测数据实行商秘管理，建设单位科研机构难以基于实际数据对风机控制策略进行研究，在一定程度制约了风电机组领域新技术、新方法的形成。

2.2.3.3　运行维护调度策略困难与挑战

海上风电运行维护策略包含机会维护策略与预防维护策略等，由于我国在海上风电运行维护领域缺乏成熟经验积累，目前采用的运行维护方法以借鉴陆上风电为主，存在“先发生故障再解决问题”的思路。这一运行维护模式并不能很好地满足海上风电场运行维护要求，因我国部分海域环境恶劣，年均出海窗口期不足 1/3，导致海上风电运行维护调度受海况影响较大，调度不及时和不确定性大的问题，对于后期维护调度工作产生巨大的挑战。

第3章 海上风电场工程创新技术及实践应用

海上风电工程施工技术是指建设和安装海上风电相关发电设施过程中所应用的工艺，施工技术包含基础施工、风机吊装、海缆敷设及海上升压站建造安装等多个方面，是海上风电降本增效的关键环节。不断改进和创新施工技术，是提高施工效率、保障施工质量、降低施工成本的关键。本章主要介绍国内首个百万千瓦级海上风电场工程创新施工工艺技术及实践应用。

3.1 基础施工工艺

海上风电风机基础施工通常指利用打桩锤等设备将基础支撑结构打入海床指定深度的过程。三峡阳江沙扒海上风电场作为国内首个百万千瓦级海上风电基地，也是世界上集中连片规模化、一次性开发的单体容量最大的海上风电场，累计安装多达315台风机基础。

项目所处工程场址地质条件复杂、施工窗口期短，海上风电基础施工又通常面临着海上精准定位难度较高、风浪流灾害及钻孔施工等一系列难点，常需综合项目自然环境因素“因地制宜、对症下药”地设计多种型式、不同型号的基础，导致基础施工难度极大。

阳江海域普遍存在表层土弱、水深岩浅、地质分化不均等问题[11]，若参考以往工程经验，需要进行大批量的嵌岩施工，嵌岩施工周期长、技术难度高，对于保证项目工期极为不利。因此在基础选型阶段，针对覆盖层较浅的海域，海上风电场创新性地提出大直径单桩基础、筒型基础和大直径非嵌岩导管架基础等解决方案，系统地解决了嵌岩难题，在尽量避免桩基嵌岩的同时达到最佳的工程经济性。

针对必须进行嵌岩施工的基础，在充分的前期设计论证及产学研联合优化设计的基础上，海上风电场最终使用芯柱式嵌岩、植入式嵌岩、高桩承台三种嵌岩桩基础型式，尽可能地选择不同类型的船机进行同步施工，提高基础施工的并行能力，确保基础施工效率。最终，项目创新性地使用了多达8种基础型式、17种基础型号，打造了国内海上风电“基础博物馆”。下面按照非嵌岩基础型式、嵌岩基础型式和吸力筒基础型式分别详细介绍国内首个百万千瓦级海上风电场基础创新技术及施工实践应用。

3.1.1 非嵌岩基础

3.1.1.1 单桩基础

三峡阳江沙扒海上风电场共采用111台超大直径单桩基础，由国内一线钢结构制造厂制造，主要有上海振华重工（集团）股份有限公司（以下简称“振华重工”）、江苏长风

图 3-1 单桩基础结构

海洋装备制造有限公司（以下简称“江苏长风”）等。单桩基本参数主要为钢管桩与风机塔筒连接处外径 7.5m，水中部分通过锥形段过渡到 9.0m，泥面以下为单根直径 9.0m，平均入土深度约为 53m，总重量 1300～1800t。

单桩基础主要包含钢管桩与风机塔筒连接段、锥形过渡段及下段桩身，结构如图 3-1 所示。单桩施工工艺简单，施工效率高，单桩基础的海上高效率施工具有较强的应用优势。同时针对阳江海域施工条件恶劣、窗口期宝贵等特点，三峡阳江沙扒海上风电项目为了减少海上施工吊装作业时间，将防撞构件、外风机平台、爬梯、电缆管及牺牲阳极等附属构件设计为整体套笼结构，桩身预先设置附属构件的连接结构，沉桩完成后将附属构件安装于桩身，进一步节约了宝贵的施工窗口期。

1. 单桩基础施工工艺

单桩施工主要内容包括：单桩堆存、装船及运输，船舶进点布置，以及稳桩平台施工、翻身立桩、下桩自重入土、套锤、锤击沉桩、高应变动测、法兰水平度和焊缝检测验收等。

（1）单桩堆存、装船与运输

1）单桩堆存。单桩生产主要环节包含下料、卷圆、组对、防腐等。生产完成后，就近转移至钢结构厂堆场或附近码头堆存，以便装船运输。钢管桩在起吊、运输和堆存过程中，与钢管桩的接触面、接触点应采取包裹柔性材料等措施，避免起吊过程中钢丝绳、抱箍、桩架等接触、摩擦、刮碰，避免由于碰撞、摩擦等原因造成防腐涂层破损，管节变形和损伤。

2）单桩装船。单桩装船分为套笼吊装和钢管桩滚装，先用码头起重机将套笼直立安装在运输驳船驾驶楼侧并加固。由于钢管桩的重量较重，一般需采用 SPMT 自行式平板拖车滚装装船，如图 3-2 所示。

运输驳船垂直于码头“丁”靠系缆，SPMT 车组在码头前沿就位。依次进行调载船舶压载水→铺设滚装跳板→铺设落位支墩→行车轨迹标定→清理行车轨道上的障碍等滚装前准备工作。待涨潮且船舶甲板面高于码头 150mm 时，SPMT 车组进行滚装。当车组到达指定位置，通过 SPMT 车组 360°全方位转向性能进行对位，并通过车组的液压升降功能逐级同步下降，使单桩落在支墩上，SPMT 车组落车下船，拆除滚装跳板完成滚装作业，如图 3-3 所示。

3）单桩运输。

a. 单桩装船加固。钢管桩采用垫墩、支座和撑杆等支撑结构加固绑扎，将钢管桩可靠地固定在驳船上，每根钢管桩使用 6 个搁置架焊接在甲板上。钢桩固定架与钢桩涂层接触的部位均需包裹厚胶带。图 3-4 为粤西首套海上风电单桩在阳江海上风电产业园下线。

b. 单桩海上运输。单桩运输前要了解 72h 内运输线路海洋气象预报，保障运输船舶

图 3-2　钢管桩场内运输

图 3-3　SPMT 滚装上船

图 3-4　粤西首套海上风电单桩在阳江海上风电产业园下线（2020 年 6 月 22 日）

的安全。使用的驳船应进行稳性计算，确保经液面修正后的初稳高度不小于 1m，因荷载引起的横倾角不超过 5°，具备足够的装载能力、结构强度、完整性和稳定性。必要时须采取适当加强措施，以提高驳船的结构强度。对加固措施进行核查，确保满足运输过程中的稳定条件方可放行。

驳船启运前要进行安全性检查，包括消防、救生设备等。运输过程进行全程监控，通过船载 GPS 确认船舶的航行状态，如遇大风浪要及时与海事部门保障联系，依照指导意见就近避风。钢管桩运到现场后，首先进行验收检查，桩总轴线弯曲矢高不大于 0.1% 桩长，且不大于 30mm。

（2）单桩现场沉桩施工

项目单桩主力施工船舶为“华西 5000”，主力施工装备为“Menck3500S”液压锤，配备钢丝绳、溜尾翻身钳、吊梁等吊索具。“华西 5000”进点后首先在机位布置单桩沉桩稳桩平台，以便控制单桩偏位，保证沉桩精度。再由“华西 5000”进行钢管桩起吊、翻身、沉桩等施工作业。稳桩平台共布置 4 根全直桩钢管桩作为辅助桩，辅助桩沉桩、拔桩均采用振动锤，下面详细介绍施工工艺。

1）稳桩平台施工。稳桩平台采用坐底式钢桁架结构，分上下 2 层钢平台，上层平台控制台可操控上下 2 层平台抱桩器。平台前段设环形抱臂，抱臂的开合由推力油缸控制。上下平台各设 4 个顶推液压缸，绕桩圆心水平呈 45°布置；液压缸端部设滑轮，液压缸底部用螺栓固定在底座上。4 个角设置 4 个钢套筒，顶部设置一层操作平台和索具平台，钢套筒底端设置防沉板。在下层抱桩器平台沿钢套筒至防沉板面板设置冲水装置，在抱桩器侧的 2 个钢套筒下方各设置 1 个浮力筒。

定位后，起大臂旋转将稳桩平台吊至左舷，调整稳桩平台位置，通过 2 根缆风绳将稳桩平台与船上卷扬机相连接，拉扯缆风绳控制稳桩平台的方位角。主钩起吊稳桩平台，吊臂保持固定角度，落钩，使得稳桩平台浸入海水中坐底，再细部调整稳桩平台的位置，最后采用厚钢板将平台与辅助桩焊接连接，形成独立、稳定的稳桩平台，如图 3-5 所示。

（a）

（b）

图 3-5　稳桩平台

（a）平台起吊；（b）稳桩平台

2）单桩沉桩施工。

a. 钢管桩单船翻身。起吊前准备：考虑到现场涨落潮对运桩驳船靠泊的影响，船头方向与潮流向一致，如图 3–6 所示。抛锚作业后运桩驳船就位、挂钢丝绳。

图 3–6　“华西 5000”与运桩驳船就位

主钩起吊，主吊耳钢丝绳垂直绷紧受力，尾吊钢丝松弛不受力，主钩缓慢起吊，桩顶缓慢抬起，尾吊钢丝绳逐渐绷紧受力，如图 3–7 所示。

主钩继续缓慢起吊，向钢管桩重心方向偏移。当主钩与钢管桩重心在同一垂线上时，钢管桩离开运输驳船，主钩快速继续上升直至钢管桩桩尖距运输驳船甲板面约 5m 时，运输船松缆绳、驶离“华西 5000”，如图 3–8 所示。

图 3–7　单钩挂吊索具

图 3–8　单钩起吊单桩

待运输驳船离开后，主吊钩将钢管桩缓慢沉入水中、放至泥面，主钩逐渐向吊耳方向

图 3-9　单桩入泥

偏转直至与吊耳垂直共线，此时溜尾的钢丝绳不受力、弯曲松动，用副钩将主钩上的溜尾钢丝绳吊离、脱钩，如图 3-9 所示。

翻身钳完全脱落后，主钩开始上升，利用海底泥面、钢管桩慢慢竖直。待钢管桩处于直立状态后，收紧吊耳两侧的缆风绳；待惯性晃动稳定后，松动缆风绳然后主钩再次上升，桩尖离开海床面约 2m 后，绞锚靠近稳桩平台，直至送入抱桩器内。

钢管桩入龙口，抱桩器上下层抱臂提前打开。钢管桩吊至抱桩器龙口外侧 3m 时，停止移动，等待钢管桩停止晃动。待钢管桩晃动停止后，缓慢转动大臂，钢管桩缓慢靠近抱桩器内口，行进过程中缆风绳均受力，限制钢管桩摆动，直至钢管桩完全进入到抱桩器环形空间内，如图 3-10 所示。

图 3-10　单桩入抱桩器

b. 桩自重入土。钢管桩进入抱桩器后，利用 GPS 控制钢管桩的平面位置，采用 2 台全站仪进行钢管桩垂直度控制。调整稳桩平台上的 4 个千斤顶，将钢管桩抱紧，并调整钢管桩的垂直度偏差不超过 0. 1%，如图 3-11 所示。

单桩在自重作用下，下沉至泥面以下一定深度后停止下沉。“华西 5000” 继续下放钢丝绳，使钢丝绳处于不受力且不脱钩状态，持续进行垂直度观察；观察 15min 桩身无变化后，进行下一道工序施工。

单桩确认稳定后，解除主吊耳处钢丝绳，采用主钩起吊液压锤。套锤过程必须保证锤、桩的中轴线相吻合，如图 3-12 所示。当桩与锤接触后，逐步下放吊钩，使压桩重量逐步增加。观测 15min 桩垂直度无变化后，进行下一道工序施工。

c. 液压锤击沉桩。在保证单桩垂直度的情况下，开动液压锤，先以小能量点击沉桩 3～4 次；测量观测桩身数据，调整桩身姿态，完成桩身调整无变化后继续沉桩；桩身下沉每隔 1～2m 观测、调整一次；当桩入土 10m 时，改为每隔 3～4m 观测、调整一次；当

图 3-11 千斤顶调整桩身垂直度

桩入土深度约 30m，改为连续锤击沉桩，连续沉桩单桩垂直度按 0. 1% ～0. 15% 控制，如图 3-13 所示。

d. 稳桩平台拆除。在单桩沉桩完毕后，拆除稳桩平台。“华西 5000” 副钩吊振动锤逐根拔起辅助桩，并采用销轴将辅助桩固定在稳桩平台上；再下主钩，挂稳桩平台吊索具，起钩将稳桩平台吊起移船至下一台单桩施工机位。

图 3-12 套锤

2. 单桩基础工程管理

（1） 日常施工管理

2019 年 6 月 26 日，5 号单桩基础在三峡阳江沙扒一期海上风电项目沉桩施工，桩总长 97. 79m、总重量 1580t、桩底直径 8. 5m、顶法兰直径 7. 5m、变径段长 16m，堪称当时 “全球第一桩”。为确保 “全球第一桩” 成功施工，三峡阳江公司组织中交第三航务工程局有限公司（以下简称 “中交三航局”），在施工前对打桩过程进行了充分的可打性分析，

图 3-13 锤击沉桩施工

图 3-14　桩顶法兰与桩体焊接环形焊缝区域进行 100% UT 无损检测

并进行了科学的施工组织策划，制定了严格的质量管控措施。

沉桩施工前，三峡阳江公司监督中交三航局及相关参建单位进行了安全、技术交底，确保已获批准的施工组织设计及专项安全技术措施方案宣贯到位，并确保单桩施工人员了解和掌握项目的安全技术操作规程及应注意事项。沉桩施工时，组织中交三航局及相关单位提前布置传感器，做好高应变动态监测；监测打桩应力、确定锤击能量、检查桩的完整性，严格监控打桩过程，确保沉桩处于安全、稳定的状态。连续沉桩至设计标高时，应立即组织对桩身垂直度、桩顶法兰面水平度进行验收；同时按照 I 级等级要求对桩顶法兰与桩体焊接环形焊缝区域进行 100% UT 无损检验，以确保打桩精度符合设计要求，如图 3-14 所示。

（2）特殊情况施工管理

溜桩常见于成桩过程中遇到软弱土层单桩贯入度变大或桩基加速下沉，其本质是桩侧阻力与端阻力之和小于桩锤体系重量，是单桩施工最常见的风险点之一；可能给施工造成较大的安全隐患，如钢丝绳拉断、桩锤损坏、吊机折断等。

2019 年 6 月 29 日，6 号单桩基础在三峡阳江沙扒一期海上风电项目沉桩施工，当桩尖标高达-75.25m、锤击能量 700kJ 时，突然出现溜桩现象，三峡阳江公司立即组织中交三航局及相关参建单位现场集中开展研究，并当即下令停锤，经研究后明确突发情况处置方案。待溜桩结束单桩达到稳定之后，测量桩顶标高，根据标高进行处置，若溜桩后未达到设计标高，重新套锤沉桩；若溜桩后超过设计标高，判断为异常溜桩，应请设计单位进行复核，待沉桩至少 28d 以后，进行复打及高应变动态监测，复核桩基承载力，判断能否进行下一阶段施工。

最终 6 号单桩溜桩深度 7.5m，单桩稳定后仍未达到设计标高，根据实际地层条件、严格控制锤击能量及频率，重新套锤打至设计标高即可。

3. 单桩基础管理经验总结

单桩作为海上风电最常见的基础型式，占三峡阳江沙扒海上风电场基础型式 35%。2019 年成功完成当时国内最大、最重的 5 号单桩基础沉桩后，三峡阳江公司一举将单桩基础大规模推广应用至阳江海域周边海上风电工程，累计推广应用共计 251 台机位。大幅度缩短了三峡阳江沙扒海上风电场及周边海上风电场工期，降低了工程造价，具有极强的工程实践意义。现将单桩基础管理经验总结如下。

1）阳江海域海况恶劣，单桩基础施工应选择性能优越的施工船舶，起重船船长达到 1.5 倍长波涌波长以上，吃水宜达到 8m 以上，才能有效保障施工安全及效率。

2）严格遵守“一机一案”原则，对每个机位进行地质分析，研判易溜桩土层，结合土层地质和贯入度情况，适时调控锤击能量。到达软弱土层前，提前减小锤击能量，控制贯入度大小，尽量减少溜桩深度。

同时在锤帽上开透气孔，筒壁内侧预留透气通道，在桩身合适标高位置开 2 个长轴 300mm、短轴 120mm 的椭圆形透气孔，2 个长轴 500mm、短轴 200mm 的椭圆形流水孔，以确保在锤击沉桩过程中保持气流畅通，防止溜桩时液压锤被气流顶飞。

3）单桩基础施工自入龙口阶段直至连续沉桩阶段，应持续进行垂直度测量控制，以确保桩轴线倾斜度偏差不大于 0.3%。

入龙口阶段：桩入平台口千斤顶顶到位后，在桩边的延长线上架设全站仪，通过仪器观测调整桩的垂直度。沉桩控制阶段：桩尖入泥后，在下沉阶段每下沉 1m 观测一次，超过要求时要及时调整；观测方法为仪器对准底部的桩边为“0”方向，顺时针旋转分别观测桩顶的角度和另一侧的底部桩边，根据实测角度和桩的高度计算桩的垂直度。

3.1.1.2 四桩非嵌岩基础

三峡阳江沙扒海上风电场共采用 115 台四桩非嵌岩导管架基础，主要由天津港航工程有限公司（以下简称“天津港航”）、保利长大工程有限公司（以下简称“保利长大”）、广州打捞局等国内经验丰富的单位进行施工，钢结构制造主要由中国水利水电第二工程局有限公司（以下简称“水电二局”）、水电四局、江苏长风、广州文船重工有限公司（以下简称“文船重工”）等众多优质厂家进行制作。其中钢管桩桩径涵盖 2.4～5m，桩重 150～240t，导管架总高约 50m，重量为 1100～1200t 之间。

四桩非嵌岩导管架基础主要包含钢管桩与导管架两部分，导管架与钢管桩之间通过灌浆连接形成整体，结构如图 3-15 所示。四桩非嵌岩导管架基础钢管桩通过直接打入海床，无须嵌岩处理，对水深和地质条件的适应性较广，施工工艺较为简单。阳江海域普遍存在表层土弱、水深岩浅、地质分化不均等问题，为尽可能避免嵌岩施工，通过与广东院、上海勘测设计研究院有限公司（以下简称“上海院”）不断优化设计，调整导管架基础的根开和桩径，实现了 3.5～5m 大直径非嵌岩四桩导管架在本项目的成功应用，并同步开发出一套大直径桩过渡到小直径导管架腿的桩腿过渡段系统，有效解决了大变径钢管对接的强度和疲劳等问题。

图 3-15　非嵌岩四桩导管架基础

1. 四桩非嵌岩导管架基础施工工艺

非嵌岩导管架基础施工主要包括钢管桩及导管架运输、钢管桩沉桩施工、导管架安装、导管架灌浆。

（1）钢管桩及导管架运输

钢管桩陆上加工与单桩类似，导管架陆上加工主要包含：片体制作、过渡段制作、整体组拼等。三峡阳江沙扒海上风电场导管架基础数量众多，钢结构厂家分布于渤海至南海沿岸，最远钢结构厂家烟台中集来福士海洋科技集团有限公司（以下简称“中集来福士”）位于渤海海域，约 1300n mile，航程约为 7d，钢结构运输任务繁重。为解决运输问题，三峡阳江公司创新性租赁“恒基 168”“厚德 168”“亚庆海”等多艘大型运输船舶进场运输，每航次运输 2～3 台基础，有效缓解了现场运输问题。

本项目导管架装船运输主要采用港口龙门吊或 SPMT 平板车滚装完成装船。钢管桩装船前，利用机位典型钢管桩进行船舶承载力及尺寸校核；装船时利用码头吊机或吊车吊运至运输船鞍形支座或加垫木梁上，同时在其两侧设置托座支撑，沿钢管桩长度方向共设置 6 挡。相邻钢管桩之间也用型钢隔开以防其互相碰撞。托座设置在甲板强横梁肋位上，钢管与甲板焊接处增设垫板来增加接触面积以防对甲板造成破坏，如图 3-16 所示。

图 3-16　钢管桩码头装船

导管架运输采用立式运输与卧式运输两种方式。

卧式运输装船：卧式运输船每航次运输 2 台导管架，预先将限位工装与运输船甲板面焊接成整体，导管架装船后，利用限位工装进行限位加固；同时在导管架三层“X”形斜撑交接处，采用缆风钢丝绳与运输船甲板面连接固定，每个导管架腿采用 3 道缆风钢丝绳连接，缆绳下口与运输船甲板上的系缆柱扣紧，确保缆绳处于紧绷状态，如图 3-17 所示。

（a）

（b）

图 3-17　导管架卧式装船

（a）装船；（b）运输

立式运输装船：立式运输船每航次运输 3 台导管架，同时利用导管架制作胎架作为装船支撑工装，增大插尖部分与甲板接触范围，每个腿采用肘板与甲板进行焊接固定，如图 3-18 所示。

（a）　　　　　　　　　　　　（b）

图 3-18　导管架立式装船

（a）导管架立式装船；（b）导管架立式运输

（2）钢管桩沉桩施工

1）起重船驻位。本项目钢管桩主力施工船舶为交通运输部上海打捞局（以下简称“上海打捞局”）“创力”和广州打捞局“华天龙”，以“创力”为例介绍钢管桩沉桩施工。“创力”就位于机位点附近，根据现场海流方向及风向情况，确定船平面位置和船艏向，由锚艇辅助抛锚驻位，如图 3-19 所示。

图 3-19　“创力”船艏向

2）定位架安装。“创力”具备较大的甲板面积及吊物航行的能力，本项目定位架一般由“创力”主钩起吊悬挂运输至机位点；就位后吊钩下降，辅助桩沉桩定位架自重入泥直至具备较好的水平度；辅助桩起吊插桩，采用对角型式插桩的顺序，先插高点、再插低点，采用 EP1600 振动锤振动安装辅助桩，先振动沉高位辅助桩、再沉低位辅助桩；辅助桩沉桩到位后，通过卸扣、锚链及花篮螺栓等调平索具，将辅助桩沉桩定位架上的调平吊耳与辅助桩上的调平吊耳相连接，配合吊机对辅助桩沉桩定位架进行微调平，焊接辅助桩与定位架，如图 3-20 所示。

3）沉桩施工。运输船进点靠泊，采用平行侧靠的方式贴靠“创力”，在风浪较大时，运输船停靠下风侧，减小船身晃动幅度；运输船带缆抛锚完成后，由“创力”主吊进行起桩、翻身、插桩等工作，“创力”挂吊带起吊钢管桩，插桩采用对角线方式进行，待钢

图 3-20 辅助桩导向架安装

管桩自沉稳定后拆卸吊带，如图 3-21 所示。

（a）　（b）

图 3-21 运输船进点及“创力”插桩

（a）运输船进点；（b）钢管桩插桩

插桩完成后安装送桩器，待沉降稳定后，安装打桩锤，待自沉稳定后开始沉桩；同时钢丝绳与液压锤之间预留约一定长度，防止溜桩后致使打桩锤悬空跳起，对人员及油管设备造成危害。打桩能量由小逐步增加，同时根据可打性分析报告在桩身进入不同土层逐步调节锤击能量，直至连续沉桩至设计标高，沉桩完成后派遣潜水员安装桩顶盖板，如图 3-22 所示。

4）定位架拆除及移船。沿对角割除辅助桩与平台焊点，采用 EP1600 振动锤进行振动拔桩，拔桩完成后，将辅助桩与定位架用销轴连接稳固，将 4 根辅助桩全部悬挂后，再将平台提升至水面，转运至下一机位。

（3）导管架安装

导管架安装前，安排“丰旺 8”“华力”等灌浆船进机位拆除基础工程桩顶盖板，并

图 3-22　套锤沉桩

由潜水员对桩内顶部的海洋生物用高压水枪进行处理；同时对钢管桩内泥面标高进行测量，若泥面标高不符合要求，应根据机位设计插尖情况使用抽泥设备进行抽泥工作，直至符合设计要求。

运输船靠泊“创力”，立式导管架安装吊索具、切割固定工装起吊即可，如图 3-23 所示。卧式运输采用船尾对船尾的“一”字形顶靠型式，抛锚完成后，切割固定工装、安装吊索具，卧式导管架需进行翻身，后续导管架起吊、入水，如图 3-24 所示。首先使较长的灌浆连接段插入对应孔位后，再依次将剩余灌浆连接段插入对应孔位，对位完成后派遣潜水员观察导管架对桩情况，观察无误后继续沉放，完成导管架的安装，测量法兰水平度。

（a）

（b）

图 3-23　立式导管架现场安装

（a）立式导管架起吊；（b）立式导管架安装

（4）导管架灌浆

“丰旺 8”等灌浆船灌浆料装载量为 3～4 个机位，在船上灌浆料仅剩 1 个机位或不足一个机位时，灌浆船返回码头进行灌浆料补充或安排其他船舶运输至机位点进行过驳，避免产生漏浆。

在正式灌浆前，进行泵水试压，冲洗管路及检测管线的完整性，泵送润滑剂后开始灌

（a）　　　　　　　　　　　　（b）

图 3-24　卧式导管架现场安装

（a）卧式导管架起吊；（b）卧式导管架安装

浆；连续进行灌浆直至灌浆环形空间顶部有溢浆发生并且灌浆材料的用量大于灌浆腿环形空间用量时即可确定溢浆开始；开始溢浆后继续添加灌浆料直至确认溢浆完成后，下令停止灌浆。同时在灌浆的开始、期间、结束三个阶段对每个桩环进行试块取样，试块数量不少于 48 组，基本满足 1d、7d、10d、28d 强度实验需求，如图 3-25 所示。

图 3-25　导管架现场灌浆

2. 四桩非嵌岩基础工程管理

（1）日常施工过程管理

1）钢管桩沉桩过程管理。“创力”“华天龙”等船舶进行沉桩施打时，专业测量人员应前往定位架平台观察桩身进尺情况，记录每阵的锤击数和桩身刻度，每进尺 25cm 记录一次。在达到停锤标准后通知沉桩指挥停锤，同时记录此时的贯入度及桩底标高计算值，满足桩顶高程允许偏差不大于等于±50mm 即可停止沉桩。沉桩全部完成后应满足桩间允许水平相对偏位不大于等于 75mm，任意两桩桩顶高程允许相对偏差不大于等于 50mm，基础顶水平度偏差不大于 0.5% 等设计要求。

2）导管架安装过程管理。导管架运输到场后，“创力”“华天龙”等挂吊索具期间，安排专人上运输船对构件的基本尺寸、偏差、杆件扭曲、焊缝开裂，以及由于运输和装卸不当造成的损伤、油漆缺损等进行检查，对存在的问题登记造册留底。重点检查各灌浆连接段平面尺寸及长度、起吊点位处的焊缝质量、灌浆段密封圈是否存在异常。同时根据测量的四根钢管桩的标高，再次确认导管架环板上的调整垫块厚度。

导管架吊装时一般通过调节导管架支腿顶板下钢板垫块的厚度来保证导管架吊装后的粗调平，查验四根桩腿下环板上的垫块与桩顶是否完全接触；沉放到位后，进行导管架过渡段顶端法兰的水平度测量，若不满足要求，通过起重船吊机多次起吊沉放缓慢调节，直至水平度满足3‰、方位角满足±3°设计要求。

3）灌浆过程管理。灌浆开始前，应掌握后续24h的预测海况，后续现场最大浪高一般不得高于1.5m，灌浆船舶驻位朝向为顶流驻位；专业人员于爬梯安装灌浆压力软管，软管要求无明显转折点，弯曲半径不小于等于700mm，软管周边保持空旷。准备工作完成后，提前用高流量低压力水流冲洗灌浆空间，保持高流量低压力水流冲洗，待确认后停止灌水、观察压力，灌浆过程必须保持连续直至整个基础灌浆结束。

（2）特殊情况施工管理

四桩非嵌岩基础钢管柱沉桩过程中易发生溜桩、拒锤等现象，有效应对溜桩、拒锤风险有助于提升现场施工效率，保障施工进度。

2021年2月7日，“创力”在三峡阳江二期海上风电项目28号机位施工过程中，28-1号桩沉至桩顶标高-15.76m时发生拒锤现象；1208kJ锤击能量时贯入度1.1mm/击，后续锤击过程中连续出现跳锤现象，已达到设计停锤标准，此时桩顶距设计高程3.343m，判断为沉桩异常，由现场指挥立即通知停锤。鉴于此情况，三峡阳江公司立即组织施工单位天津港航及相关监理单位进行研判，并安排对28-1号桩进行高应变初打，将沉桩相关数据提交广东院复核；结合地质勘测资料，由三峡阳江公司、天津港航、广东院及监理单位根据分析结果对桩身承载情况、处理情况开会研讨，最终确定钢管柱承载能力满足结构需求，可采取截桩方式，并签署工程联系单。潜水人员利用高压水（水砂混合）水下切割法对水下钢管桩进行切除，由“创力”打捞并切割桩头，最终约耗时4d完成全部相关工作。

3. 非嵌岩四桩导管架基础管理经验总结

1）沉桩风险防范，阳江沙扒海域地质条件复杂，为保障沉桩顺利进行，地质勘测阶段，针对每一个桩位进行地质勘测，最终每个机位至少有4个地质勘测孔，确保对地质情况有充分的了解与研判；基础沉桩前，根据地质勘测报告针对每个机位做沉桩可打入性分析，选择合适的桩锤、沉桩过程中能量控制等；插桩、安装送桩器、液压锤后均须待桩体自沉平稳15min左右方可进入下一步工序；套锤及在软土层开锤时，部分机位钢管桩产生明显下沉，液压冲击锤悬挂钢丝绳需预留下放2m左右余量，防止钢管桩自沉或者贯入度过大，造成桩锤脱离。

2）灌浆漏浆风险控制，灌浆过程中，为减少漏浆风险，导管架设计之初安装双层橡胶密封圈进行封堵；在钢管桩基础完成清淤及清理海生物工作后，对钢管桩内部进行碎石填充，碎石填充标高距导管架支腿插尖底0.5m位置处，可有效降低灌浆施工漏浆风险。

3）预制可拆卸式法兰，实现不同管径管桩沉桩施工。传统上不同管径钢管桩施工一般通过不同型号定位架来实现，在施工准备阶段，基于创新设计理念，在5m定位套筒位置处，预制可拆卸式4m法兰，与套筒位置处用螺栓进行连接，施工过程中可自由实现

4m、5m 两种管径钢管桩施工，有效提升项目的施工效率，减少定位架的制作成本及时间。

4）创新钢管桩翻身工艺，保障施工安全。钢管桩因采用内吊耳的型式，传统翻身过程均采用单纯吊带模式，在钢管桩起吊翻身时吊索具势必会与钢管桩内壁发生不同程度的摩擦，会降低其使用寿命且安全性难以保证。为方便操作并保证安全性，创新使用“吊带+铁链+吊带”的模式，中间段铁链有效避免吊带与管壁摩擦破损情况，翻身效果良好。

5）创新采用导管架立式运输工艺，提高施工效率。经充分调研不同钢结构制造厂码头出运能力，创新采用导管架立式运输，导管架运抵机位后可直接挂钩起吊，减少一道翻身工序，大幅度提升施工效率。

3.1.2 嵌岩基础

3.1.2.1 三桩植入式嵌岩基础

阳江海域强风化花岗岩或中风化花岗岩埋深仅 10m，覆盖层很浅，若采用直接打入式基础无法满足承载力要求，可考虑嵌岩桩施工工艺。对于海上风电嵌岩基础，传统嵌岩施工采用“打—钻—打”工艺，即先打桩至稳定，然后吊装嵌岩钻机从桩顶进行桩内钻孔，最后再复打至设计底高程。但是，对于阳江海域部分区域极薄的覆盖层，初次打桩入土很浅，不能构建稳定的钻孔施工作业平台，三桩植入式嵌岩导管架基础是为适应阳江海域地质条件而采用的全新植桩工艺。

三桩植入式嵌岩基础采用三桩嵌岩的方式，如图 3-26 所示，三根桩按三角形布置，根开为 26m，钢管桩桩头高出泥面约 2m，钢管桩桩径为 2.4m，钢管桩嵌入中风化花岗岩段长度不少于 8m。顶平台高程为+18.00m。主体导管架结构由三根倾斜的主导管和两层“X”形斜撑杆组成，均由圆形钢管焊接而成。每个主导管架腿外侧设置有灌浆管，底部设置灌浆封隔器件。上部导管架结构插入桩基础内，待导管架过渡段塔筒水平度调整到位后，通过灌浆管对主导管和桩之间的环型空间进行灌浆填充，除基础嵌岩施工外，导管架安装、灌浆与非嵌岩导管架基础一致。

图 3-26　三桩植入式嵌岩基础结构

在离岸距离远、海况条件复杂多变的海域施工，首先三峡阳江公司及现场施工单位中交三航局与当地海洋天气预报机构建立长期联系，获得较为准确的海洋天气预报；然后根据施工进度计划细化各项准备工作，选择抗风浪能力强的大型船舶，增加可作业时间，本工程主力施工船舶为“东海工 7”起重船，并根据施工船性能制定施工方案；之后认真分析各个机位的地质资料，根据嵌岩深度和岩层特征合理选择回旋钻或冲击钻，采用减压钻进工艺，钻孔过程中严格控制钻压，并采用泥浆护壁钻孔，减小塌孔风险；最后加强对各施工船舶、作业班组详细的技术安全交底和岗位培训力度，对关键岗位的船员、班组人员进行双配，以确保能连续加班作业，做到人停机不停。

三桩植入式嵌岩基础属于水下深水植入式嵌岩结构，岩层起伏较大，极易造成斜孔；并且植入桩一次性植入到位，无接桩引至水面，深水下环缝灌浆施工难度大，灌浆管线布置难度大，此前国内无成功经验可以借鉴。

1. 三桩植入式嵌岩基础施工工艺

三桩植入式嵌岩基础施工采用坐底式嵌岩一体化平台进行嵌岩工作。坐底嵌岩平台的吊装和移位与钢护筒、钢管桩的施工根据阳江沙扒海域现场实际情况，中交三航局选择了“东海工 7”施工船舶为基础施工主力船舶。

钻机根据地质资料的分析及综合比选市场上的钻机，选择 SPD300 全液压钻机及 AD350 型钻机。根据地质分析和市场调研，选择永安 YZ400B 振动锤进行辅助桩和钢护筒的沉桩施工。

（1）嵌岩平台搭设

坐底式嵌岩一体化平台如图 3-27 所示，采用长方形坐底型式，上层平台顶标高为+11m，下层平台顶标高为+5m，辅助桩套筒底部向上 1.8m 设置外轮廓 30m×31m 的防沉板（防沉板净面积约 600m^2）。上下层平台、防沉平台结构以板架为主，其余以管架为主。平台整体高 38.5m，平台重量约 820t。辅助桩可通过销轴固定在辅助桩套筒上，形成整体式坐底嵌岩平台。坐底嵌岩平台的上层平台和下层平台龙口处分别安装 4 个 100t、行程 30cm 的千斤顶。在履带吊行走范围内做局部加强，确保履带吊作业时的安全性。

图 3-27　坐底式嵌岩一体化平台

嵌岩平台在文船重工进行分部制作后整体组拼，通过运输船整体运输至海上风电场。通过起重船“东海工 7”起吊安置于机位处，采用辅助桩进行固定，辅助桩沉桩结束后立刻进行坐底嵌岩平台的调平工作，并在每根辅助桩周围每间隔 90°的位置与平台之间焊接一块 4cm 厚三角形钢板，使辅助桩和平台共同受力，增加平台的整体稳定性。

平台搭设完成后，起重船吊钩通过吊梁和钢丝绳与钢护筒吊耳相连接，利用钢护筒尾部的翻身装置完成钢护筒翻身；起钩升高，使得钢护筒底超过平台顶面标高约 2m，绞锚移至平台套筒上方，精确调整锚位、吊钩缓缓下放将钢护筒插入套筒内，如图 3-28 所示。施打钢护筒与施打辅助桩的船舶站位相同。钢护筒下放过程中，严格控制钢护筒垂直度，通过调整顶层平台和二层平台共设置的 8 个 100t 千斤顶将钢护筒锁定。起重船逐渐下钩，直至完成自重入土，稳定后钢丝绳脱扣，准备吊下一根钢护筒。三根钢护筒依次放入后，与辅助桩吊振动锤工艺相同，起重船吊振动锤依次将钢护筒打至全风化层，沉桩过程中不断观测桩身垂直度，通过千斤顶调整。若钢护筒无法打至设定标高，则在高出平台 1m 处进行截桩，若超过预设标高则进行接桩。钢护筒沉桩至全风化岩层 3m 内，若无全风化层则打至强风化顶面。钢护筒沉桩标高需根据现场情况进行确定，尽可能沉桩至设计标高。

图 3-28　植入嵌岩钢护筒插桩

（2）嵌岩施工

在平台搭设完成后，利用起重船将嵌岩设备布设于嵌岩平台上，包括：SPD300 全液压钻机 1 台、钻头 1 套、钻杆 1 套；500kW 发电机 2 台；50kW 发电机 1 台、空压机 1 台；90t 履带吊 1 台；渣箱 1 个；住人集装箱 3 个，四周设置 1.2m 高的安全围挡。平台布设需严格按照设计图进行摆放，避免平台整体重心发生变化。

钢管桩嵌岩植桩施工对于岩层较硬的机位，使用 SPD300 型钻机，该钻机具有设备小巧轻便、扭矩大、工效高、成孔质量好等特点。对于岩层相对较软的机位，采用 AD350 型钻机，该钻机具有扭矩大、工效高、成孔质量好等优点，缺点是体积大、重量大。为了缩短工期，每个平台布置一台冲击钻机，对岩层较软的孔，用冲击钻成孔。每个机位循环钻成孔 2 个，冲击钻机成孔 1 个。平台上的 90t 履带吊配合钻机就位、安装，钻机顶部的起吊滑轮边缘、钻盘中心、桩孔中心应在同一垂线上，偏差不大于 20mm。

项目采用泥浆护壁工艺钻孔，开钻前，先造好泥浆并注入孔内。新制泥浆储存于其他不用的护筒内，在使用前期提前搅拌备用。反循环排出的泥浆，采用泥浆分离器净化后循环使用。钻机配备泥浆净化装置对泥浆进行净化处理。经过净化处理后的泥浆通过回浆管流回孔内，净化时排出的钻渣通过溜槽排放到集渣箱或驳船后运至指定地点处理。

钻孔采用减压钻进工艺，钻孔过程中要严格控制钻压，钻压 P 不大于 60% G（G 为钻头加配重在水里的总重量）。钻进中采用垂直吊打模式，大气量、中等钻压、慢转钻进成孔，钻进过程中对变层部位要注意控制进尺，并且每钻进一根要及时扫孔，以保证钻孔直径和垂直度满足要求，并随时检测和控制泥浆的性能指标，以确保孔壁的安全。当钻进至接近钢护筒底口位置 1～2m 左右时，须采用低钻压、低转数钻进，并控制进尺，以确保护筒底口部位地层的稳定；当钻头钻出护筒底口 3m 后再恢复正常钻进状态。冲击钻冲孔时，冲孔至钢护筒底部以下，每进尺 2m 测量一次垂直度，若发现超过 0.1% 时，填块石重复冲孔纠偏，直到孔深达到设计要求。冲孔结束后，用回旋钻扫孔，扫除吸附在孔壁上的泥皮。

采用气举反循环换浆法清孔，用新鲜泥浆置换孔内泥浆，超声波测孔仪检测成孔质量，确保孔径与设计孔径偏差不大于等于 50mm、垂直度小于 1%、孔底沉渣厚度不大于 30mm、平面位置偏差不大于 75mm。

嵌岩桩孔清孔完毕后，运桩驳船将钢管桩运至现场就位，就位方法与钢护筒打设时一致，起重船起吊钢管桩植入桩孔中，如图 3-29 所示。钢管桩下放过程时刻保持管桩在桩孔的中心，并缓慢下放，保证不刮到孔壁，防止塌孔。复核孔口高程、坐标，保证植入的钢管桩垂直度满足设计要求的 0.5%、桩顶标高达到设计要求，且任意两桩的高程相对偏差不大于等于 50mm。

图 3-29　起重船起吊钢管桩植入桩孔中

（3）灌浆施工

环缝灌浆采用运输驳船作为灌浆施工的作业平台，预制灌浆口分三层，其中下部灌浆段设两层，上部灌浆段设一层。下部第一层和第二层环缝灌浆管线在封板下方由桩外侧圆滑过渡转至桩内布置，以防止管线在钢管桩吊运、植桩过程中受损。为减少桩身开孔，上部第一层灌浆管线布置在钢管桩外侧，运输和吊装过程中做好管线的保护。由于灌浆量较大，位于桩内的灌浆管线需每隔 10～15m 左右设置一段止落弯。环形空间灌浆施工完成后，起重船进场，副钩挂钢护筒的吊耳，起钩，使钢丝绳处于伸直但不受力状态。潜水人员携带切割设备下水进行钢护筒切割作业。钢护筒切割时严禁伤害到钢管桩，切割选择“水下氧—弧切割”方法。在水下切割结束后，起重船起钩将钢护筒吊起，放置于运输船上的工装底座上，由运输船运至钢结构厂进行接长。

2. 三桩植入式嵌岩基础工程管理

植入式嵌岩导管架作为施工难度和风险最大的基础型式，是影响三峡阳江沙扒海上风电项目整体进度的关键所在，植入式嵌岩基础施工复杂，需完成嵌岩施工平台沉放、辅助桩沉桩、钢护筒沉桩、嵌岩设备安装、嵌岩钻机钻进、终孔清孔、工程桩植入、水下环缝灌浆、水下钢护筒切割等数十个施工步骤。为确保嵌岩施工的安全及施工进度，三峡阳江公司与承建单位中交三航局建立互通、共享的信息沟通机制，安全有序推进基础施工。此外施工过程中三峡阳江沙扒海上风电项目团队与中交三航局认真总结施工经验，进一步优化施工环节，增加基础施工效率，施工效率从首台用时 50d 到后续仅用 20d 就可完成，保障了项目顺利完建。

1）海上风电植入式嵌岩桩施工新工艺关键技术，首先采用整体式嵌岩施工平台在海底搭建一个稳定的海上作业平台；其次在其中心打入内护筒至一定入泥深度，从而构建一个安全钻进平台；再次在嵌岩平台上通过钢护筒钻出一个相比工程桩大的孔，之后植入工程桩；最后通过水下灌浆固定工程桩，安装上部导管架。

2）提升海上施工效率，减少海上施工环节。项目通过减少海上封底混凝土的浇筑环节，将海上施工的关键工作，转移至陆上进行，将关键工作转化为非关键工作，减少施工过程中的关键工作，提高施工效率；此外减少对大型混凝土搅拌船的需求，进一步减少对关键设备资源的依赖性，对于在一船难求的海上风电“抢装潮”下的施工具有重要意义。

3）通过桩内增设封底板取消导管架密封圈，不仅降低了导管架施工难度，而且可以从理论上计算出实际灌浆料的用量，避免灌浆过程中的不确定性；通过理论用量指导现场灌浆过程及判断灌浆质量，单个基础的施工成本也有一定程度的降低。

4）冗余化管理机械设备易损配件。钻机在钻进过程中不可避免地出现机械、电气或液压系统故障，受制于海况的可达性，易出现因小配件耽误整个嵌岩施工。项目现场通过冗余化管理易损配件，并在平台上安排关键设备厂家专业人员，在故障发生后的第一时间排查故障点，再根据故障点的情况安排相关专业人员对其进行抢修，可迅速处理解决现场故障，避免了现场长时间因设备故障导致的停工。

5）科学设计护筒壁厚，增大护筒打入深度。项目通过精准的地质勘测分析，因地制宜设计钢护筒的壁厚，在保障最大程度打入至中风化岩层的同时，一定程度降低了施工成本，也减少嵌岩钻进过程中塌孔及钢护筒卷边风险，一举解决嵌岩施工难题，提高施工效率。

3.1.2.2 三桩芯柱式嵌岩基础

三桩芯柱式嵌岩基础采用三桩嵌岩的方式，三根桩按三角形布置，根开为 26m，钢管桩桩径为 2.4m。主体导管架结构由三根倾斜的主导管和两层“X”形斜撑杆组成，均由圆形钢管焊接而成，导管架整体高度 53.5m，总重量为 950t 左右，结构型式与植入式嵌岩导管架基本一致，如图 3–30 所示。

图 3–30 三桩芯柱式嵌岩基础

三桩芯柱式嵌岩基础施工也同样面临着施工海域离岸远、水深深、地质条件复杂多变且恶劣的海况条件。要克服以上困难，确保海上正常施工。首先，为提高船机的抗风浪能力，降低风浪条件对施工作业的影响，尽量延长有效作业时间，施工单位保利长大选择主力施工船为“长大海升”与“华西 900”；其次，提前做好钢结构运输及现场施工安排，合理选择嵌岩平台搭设时间，避免海面横风与局部暗流对嵌岩平台下放位置及垂直度造成影响。再次，根据详细的地质勘测报告，沉桩前做沉桩可打入性分析，加强沉桩过程监测，严格执行停锤标准，不超打、不欠打，保证桩基打到设计深度。最后，在嵌岩施工时，通过旋挖钻本身显示台上的机械对中定位，在扩孔施工中采用导向器、扶正器等措施，保证钻孔垂直和后期钢筋笼的顺利下放。

1. 三桩芯柱式嵌岩基础施工工艺

三桩芯柱式嵌岩基础采用分体式大尺寸平台，平台尺寸为 46m×45m，主要由上平台、下平台、辅助桩、拖座装置、平台动力系统、附属结构等组成。上平台为双层桁架结构，上层结构为钢板焊接成的箱梁组成的桁架，包括旋挖钻机轨道梁、履带吊轨道梁、连接梁等；下层及中部支管为钢板卷制的钢管结构。上下双层桁架高度为 5.7m，上下两层均设置导向孔，每个工程桩导向孔设置 4 个 100t 千斤顶，呈圆周均匀布置，千斤顶端部设置导向滑轮。平台辅助桩导向孔适应桩径为 ϕ2.5m，工程桩导向孔适应桩径为 ϕ2.4m。同时平台上下两层之间辅助桩导向孔位置，设平台支撑组件，与上平台形成稳定整体，提高竖向支撑强度。下平台采用桁架式结构，保证整体刚度及稳定性。在箱梁与海床面接触部分焊接钢板并设置 T 形肋，形成底部防沉板以增大平台底面同海床接触面积，防止平台放置在海床上时，平台下沉深度过大。嵌岩平台结构如图 3–31 所示。

（a）　　　　　　　　　　（b）

图 3–31　嵌岩平台结构

（a）嵌岩平台上部平台；（b）嵌岩平台下部平台

嵌岩平台共分为上平台、下平台及辅助桩三部分，满足 1 台 XR550 旋挖钻机和 1 台 150t 履带吊及附属设备同时作业功能，其中下平台与辅助桩通过焊接连接钢板后形成整体下部结构，与常规采取独立辅助桩作为支撑结构相比，整体刚度大，受风浪、水流及涌浪作用后产生的位移较小，其安全和稳定性较采取独立辅助桩支撑结构型式更加安全可靠；采取上下平台相互独立的结构型式，较整体坐底型式的嵌岩平台节省了混凝土等强后的检桩时间和水下割桩的时间，主要因为整体坐底型式的嵌岩平台需等到最后割桩完成后才能进行周转。嵌岩平台总体布置如图 3–32 所示。

图 3–32　嵌岩平台总体布置

根据不同土层选用不同型号的旋挖钻头，以适应土层旋挖压力的变化。在中风化以上钻进时，采用斗径 2m 双底单开门斗齿捞渣斗；在中风化花岗岩地层钻进时，岩层强度较大，采用小孔径截齿筒钻或牙轮筒钻（外径为 1.5m），到达底标高后换用等 2m 导向扩孔钻头扩孔（加装扶正器），最后使用清孔钻头取渣。

（1）钢管桩沉桩施工

主作业船“长大海升”航行至施工机位附近，根据现场海流方向及风向情况、设计船平面位置和船艏向，进行锚位及船位设计。起重船“长大海升”通过绞锚移位至正对运桩船“建扬成祥”侧位置，将管式吊耳所用的吊索具及钢丝绳挂在主钩上；待确保吊具与吊耳连接安全稳固后，吊船主钩缓慢上提，利用驳船上的固定式翻桩装置，在驳船上进行立桩。立桩完成后，将桩体竖向提升至桩底高于平台面，同时吊船绞锚前进，抵达测量好的插桩作业船位。插桩开始时，起重船提前调整好吊臂角度，将桩位处限位千斤顶油缸收回后，对准桩孔位置缓慢下放。插桩过程中钢管桩的倾斜监测采用全站仪进行实时观测，插桩自沉过程中，钢管桩垂直度偏差值不得大于 0. 3%。

单平台 3 根桩都插设完毕后，移船进行液压锤安装并对钢管桩进行锤打，如图 3–33 所示。通过可入性分析，选择 IHC1200 液压锤，开锤锤击能量控制在液压锤最大锤击能量的 10% 左右，避免发生溜桩。待贯入度稳定后再慢慢加大能量，直至调整到 70% ～ 80%。施打过程中，黏土层锤击能量控制在 30% ～40%；砂层控制在 40% ～60%；强风化层控制在 70% ～80%。当出现贯入度过小或过大时，应尝试适当减小或增大锤击能量，并及时通知沉桩指挥员，判断是否遇到夹层。锤击能量调整幅度不宜大于 10%。施打过程中如果发生溜桩，要及时停锤，检查是否发生偏位；如果发生偏位，应通过变幅吊臂及轻微移船矫正。停锤后由测量人员精确测量桩顶标高，计算出实际桩底标高，并与设计终锤标准相校核，确认无误后判断该桩沉桩完成。

图 3–33　“长大海升”沉桩

（2）嵌岩施工

开孔前对桩位进行抽芯勘测验证，使设计终孔在标高以下，岩层是否均匀、有无夹层，应满足风机承载力的要求。采用地质勘测取孔钻机，对芯样进行记录分析，并与设计提供地质勘测孔数据进行比对是否相符。

考虑平台面积较小、设备较多，无设置大型存浆池位置，故采用在三根工程桩内储存泥浆的方法进行周转使用。清孔采用气举反循环系统，循环系统由空压机、沉淀池、泥浆池及泥浆泵组成。孔内泥浆及沉渣由空压机气举泵出，排入沉淀池内，沉淀池表面较澄清的泥浆流入泥浆池，再由泥浆泵抽取注入孔内，使之循环。

钻孔时钻机可自行至桩位处，把钻机的钻头对准桩位，并调整钻机底盘水平。通过主桅杆四边形调整系统、行走系统对准孔位中心并锁定，在钻进时，钻机旋转到孔位时自动锁定，可保证孔位的准确性。在操作时应严格控制并随时进行检查，以确保孔位正确和不出现斜孔。当钻机调整完成后开始钻进，钻孔过程中根据各地层情况控制进尺速度，并对钻孔的直径、垂直度及泥浆指标严格控制，确保钻孔的质量。

当出现大量中风化岩样时，及时判定是否入岩，确认入岩后及时测深记录入岩面标高。钻入中风化砂岩层后，采用分二级扩孔钻进工艺。安装扶正器保持钻杆的垂直度，采用1.5m牙轮筒钻取芯，钻进一定距离后，利用ϕ1.5～2m扩孔钻头将孔直径扩至ϕ2m。当桩尖到达设计底标高后停止下钻，通过笼式探孔器钢尺、测锤等工具对孔深、进行量测和记录，以确定是否终孔。终孔后应立即进行一次清孔。旋挖机换捞渣斗打捞沉渣，捞渣过程使用2.2m扫孔器对护筒壁进行扫孔。清孔前将沉淀池中沉渣捞干净清除，以保证清孔效果。清孔过程中严禁超钻，不得加深孔底深度代替清孔。

钢筋笼设计为圆形，由竖向主筋和内撑加劲箍组成骨架结构，外布螺旋钢筋共同组成。钢筋笼通过平台履带吊下放，下放过程均匀下放，避免触碰孔壁。过程中在钢丝绳上做好标记，根据钢丝绳下放长度确保底笼未卡在大径桩侧，顺利下放至孔底。

灌注桩采用C40微膨胀混凝土，坍落度为180～220mm。在浇筑过程中，随着混凝土面的上升，利用履带吊向上提升导管，确保导管埋置深度控制在2～6m之间，浇筑过程中通过拆除的导管根数及测量的混凝土面高度来计算埋管长度，保证埋管保持在2m以上。在混凝土灌注时，特别是桩底部20m范围，需适当控制混凝土灌注速度，以防止钢筋笼上浮。

2. 三桩芯柱式嵌岩基础工程管理

与传统工艺对比，嵌岩平台采取上下平台分体式设计，由工厂分块制造，再运至现场起吊安装，实现了装配化、高效化的建设理念，可缩短嵌岩平台搭设、沉桩、嵌岩工期；在嵌岩平台上采用大型旋挖钻进行嵌岩桩基础施工，并将混凝土搅拌设备直接放置于嵌岩平台上用于混凝土灌注，作业人员可长时间进行施工作业及生活居住，实现类似于陆地施工。这种方式是国内首创，填补了业内在这一技术领域的空白，为海上风电嵌岩桩基施工提供了全新的技术模板。

1）嵌岩平台工程桩的沉桩作业及桩身垂直度的调节功能：在插桩阶段利用导向环进行初步调整沉桩垂直度，沉桩阶段利用嵌岩平台面的装配式导向架进一步调整，沉桩垂直度可控，确保沉桩垂直度不大于等于0.3%、桩基相对位置不大于7.5cm。

2）嵌岩平台综合考虑现场海况、混凝土生产特性、国内混凝土搅拌船舶特性，结合本项目施工的相关技术要求及工序安排，对本项目外海混凝土浇筑施工进行了相关设计及优化。项目研究替换了传统的混凝土搅拌船浇筑的方式，而是采用陆地称量装袋供料，在嵌岩平台上设置搅拌设备生产混凝土的方式进行混凝土搅拌及浇筑。

3）三峡阳江沙扒海上风电项目海域地质条件复杂，基岩面高低起伏，持力层较浅，可打入度较低，无法使用常规非嵌岩管架基础。为适应海域地质条件，满足风机承载力的需求，首次采用芯柱嵌岩导管架基础。嵌岩基础施工难度大，工序繁琐，国内无相关参考经验；国内海上风电的首次成功运用，为后续嵌岩导管架基础施工积累了宝贵经验，也给海上风电基础嵌岩提供了可靠的施工经验和技术标准。

3.1.2.3 高桩承台基础钢管桩斜桩嵌岩

嵌岩高桩承台基础采用6根钢管桩作为基桩，本项目高桩承台基础138根斜嵌岩灌注桩是目前国内直径最大、桩长最长，入水深度最深，嵌岩施工综合难度最大的桩基，施工单位为中交三航局。岩基部分采用钻孔灌注桩，底部嵌入中风化基岩，6 根基桩在承台底面沿圆周均匀布置，混凝土承台采用 C50 海工高性能混凝土，在承台下设封底混凝土。风机塔筒过渡段和桩基础之间设钢连接件连接，结构如图 3–34 所示。

图 3–34 嵌岩高桩承台基础结构

1. 高桩承台施工工艺

（1）钢管桩沉桩

高桩承台钢管桩为斜桩，与上述基础沉桩不同，此基础无需定位架装置，主要采用专业的打桩船“三航桩 20”“雄程 3”进行沉桩作业，船舶沉桩施工如图 3–35 所示。首先采用吊机将运输驳船上的钢管桩吊离运输驳船，吊桩离开驳船的瞬间要迅速，以避免拖桩、碰桩等情况的发生。沉桩时，要注意落水锚和涨水锚的走锚现象。通过紧松锚缆，打桩船移离运桩船，并在移离过程中缓缓立桩。立桩完毕，适当调整桩架的倾斜度和替打的高度，使上口嵌入替打，此时将连接下部吊点的大钩缓缓放松并解除，然后关闭抱桩器。在桩身立起之后将桩缓慢下放，下放过程中时刻保持桩架与桩的倾斜度与设计要求一致，在下放完毕后，立即检查桩锤、替打和桩身是否在同一轴线上，以避免造成偏心打桩。桩自沉完毕后，进行压锤，并观察桩的偏位，若发现桩位偏差过大，则应起锤并根据偏位情况适当调整打桩船锚缆，然后重新压锤。打桩船调整好自身的水平、位置和桩架倾斜度后压锤和替打，结合国内海上风电施工经验及现有沉桩设备能力，采用 IHC 公司的 S–800 液压锤沉桩。

图 3–35 “雄程 3”沉桩施工

在锤击过程中做好以下工作：密切注意桩身与桩架的相对位置及替打的工作情况，注意观察桩身的晃动情况，避免造成偏心锤击。每座风机基础承台的钢管桩沉桩完毕后及时夹设临时围囹，避免单根桩孤立于海中，同时兼用割除桩头操作平台。在已经打好的承台桩上设置警戒灯。

（2）嵌岩施工

根据工程地质条件，结合钻机性能及工程实际况，嵌岩桩施工选择 SPD250、SPD300 全液压钻机和配套工艺钻机，进场后码头场地内进行组装调整，采用吊机落驳至运输驳船上运至施工现场，然后吊至平台上，由履带吊移位至桩位上。钻机就位时，机架必须水平、竖直、稳固，确保在施工中不发生倾斜、位移。钻杆安装时，使钻杆和机架的倾斜度与钢管桩斜度（6∶1）相同，调整钻机底座，对准后即可开钻，并多次检查核实倾斜度确保钻孔倾斜度偏差值控制在 1% 以内。其钻进成孔与植入式嵌岩施工相似，有所不同的是，此为斜桩嵌岩，由于重力的作用，钻孔时钻头有一种始终竖直向下的倾向，若不采取一定的措施加以限制，所成的孔轴线会成为抛物线，必将影响桩的质量，甚至会出现无法钻进的局面。为了保证钻头钻至钢管桩尖后不发生超出规范及设计要求的偏心及倾斜，项目采用浮吊配合钻头与钻杆的安装，在钢桩内钻杆每隔 20m 加设一道导向器，最下面一个导向器应与钻头的距离不能超过 15m，以保证钻头出钢管后钻孔的斜度，钻头不下垂。嵌岩施工平台如图 3–36 所示。

图 3–36　嵌岩施工平台

钢筋笼制作选择在施工场地附近码头钢筋加工场内，钢筋笼依据各机位桩长分节制作，通过驳船分节运送至施工现场。在平台上由吊机起吊并逐节下放入孔。使用履带吊将钢筋笼吊至孔口处，钢筋笼扶正立稳使笼轴线对准孔位轴线并缓缓下放。钢筋笼与钢管桩之间设圆形垫块，确保钢管桩保护层厚度不被破坏。

浇筑混凝土施工过程利用履带吊下放导管及二次清孔。下放导管时要准确测量每节导管长度及安装顺序，导管下放完毕，重新测量孔深及孔底沉渣厚度。如孔底沉渣厚度超过要求，则应利用空压机和导管进行二次清孔，直至孔底沉渣厚度达到要求。在混凝土浇筑前，搅拌船上应备足砂、石、水泥等原材料，现场拌制混凝土后，用泵将混凝土送至嵌岩桩导管内。

（3）承台施工

钢套箱制作安排在专业加工厂加工制作，分片落驳运至现场安装，拼缝平整度误差控制小于3mm。侧壁各单片、侧壁均采用螺栓连接，桁架梁托座与侧壁采用焊接。采用定制橡胶胶条拼缝止水，确保结构不漏水、不渗水。钢套箱制作时，为增加钢套箱的周转次数，钢套箱外侧与海水接触面均采取防锈防腐处理，钢套箱内侧模板混凝土浇筑面以上涂防腐层，浇筑面以下加工后清洁表面涂抹清洁脂，周转时喷涂脱模剂。

钢套箱整体吊装至预制承台底板周边预埋螺栓孔上部的三角托架上，安装完毕通过三角托架外侧的槽钢调整位置，用密封止水橡胶进行止水处理。

承台为C50高性能海工混凝土，单个承台混凝土浇筑按一次浇筑完成。为了方便承台混凝土浇筑布料、防止混凝土赶料现象的发生，承台混凝土浇筑时应适当布置布料孔，在过渡段塔筒外侧与钢套箱内壁之间按照每两个相邻钢管桩桩位中间分别布置1个布料孔（共计6个布料孔）的方法布置布料孔。

承台混凝土采用分层浇筑，分层厚度控制在300mm以内。混凝土的浇筑连续进行，如因故间断，间断时间小于前层混凝土的初凝时间或能重塑的时间。混凝土在浇筑过程中，控制混凝土的均匀性和密实性，不出现露筋、空洞、冷缝、夹渣、松顶等现象。承台混凝土浇筑如图3–37所示。

图3–37　承台混凝土浇筑

2. 高桩承台建设工程管理

高桩承台嵌岩斜桩嵌岩施工的关键工序控制要点在于：现场搭设对于船机及吊机的要求比较高，有效作业时间较短，整体吊装嵌岩平台需要大型起重船机配合；嵌岩施工要求桩内钻岩成孔纵轴线偏差不大于20mm，成孔后应在12h内浇筑混凝土。孔底沉渣允许厚度不应大于50mm；钢筋笼要按设计要求进行加工，加工长度要根据现场吊装钢筋笼吊机进行评估；高桩嵌岩施工作为检测桩身质量完整性，需要通过声测管进行。

（1）日常施工过程管理

1）嵌岩施工过程管理。钢管桩需要嵌岩施工，工艺复杂、工序多，所需投入各种专用船机设备型号多、数量多；场址底部地质条件复杂，岩层起伏变化较大，且可能存在有孤石，对嵌岩施工有较大影响。针对斜桩基础施工要求高、地质条件复杂的状况，本项目采用SPD250、SPD300反循环钻机，该钻机采用气举反循环技术，有效提高斜桩成孔、清孔施工工效；该钻机的滚刀采用高效率反循环钻机的BRD280滚刀，该滚刀能对高抗压强度岩石破岩的同时保证较高的破岩速度，实现对施工海域海上风电高桩承台基础大直径钢管桩斜桩嵌岩岩石强度的全覆盖，显著提高了钻机的破岩能力及嵌岩施工工效。

2）承台施工过程管理。承台施工采用两种方式进行：一是用支腿船“招商海狮1”完成承台内所有工作，施工周期约15d左右；二是对于地质条件不满足支腿船插腿要求的机位，用稳性较好但起重量适中的起重船“海恩322”完成承台内施工。从现场实际施工情况来看，支腿船稳定性最好，受海况影响小，但甲板使用面积有限，不能满足一个承台内所有钢筋现场加工要求，需配备一艘运输驳船联合使用。“海恩322”甲板面积较大，可划分为材料堆存区、钢筋加工区和生活区，满足钢筋和钢结构的存放和加工要求，但船舶稳性相对较差，受海况影响较大，完成一个承台施工正常周期与采用支腿船接近。通过两种方式的配合，充分发挥各自优势，单月最多可完成4个承台施工。

承台大体积混凝土浇筑施工，要严格控制混凝土用料，使其符合技术规范要求，混凝土集料的配比应符合规范和设计要求，根据工程条件选择最优方案。根据现场实际施工情况，选用配有自动计量装置的大型搅拌船“海建砼1”，既可保证混凝土各用料的计量准确，又可满足大体积混凝土连续浇筑的需要，且可根据现场需要调整浇筑速度。承台浇筑完成后，按规范和设计要求做好混凝土养护，以确保工程质量。

（2）特殊情况施工管理

嵌岩过程中要避免出现塌孔现象。在三峡阳江沙扒海上风电项目高桩承台嵌岩桩施工过程中就出现此类问题，机位嵌岩钻进终孔后，桩芯钢筋笼下放约至桩尖位置，无法继续下放。通过潜水员下水探摸，下潜至桩尖向上3m左右位置无法继续下潜，经探摸，初步判断桩基塌孔，黏土涌进钢管桩内3m，钢筋笼累计被掩埋5m。随后，三峡阳江公司多次组织设计单位上海院、监理单位长江三峡技术经济发展有限公司、施工单位中交三航局等相关人员召开了高桩承台嵌岩专题研讨会，讨论处置方案。方案1：采用“德胜1700”起重船试拉出钢筋笼掩埋段的方案；方案2：利用潜水员水下切割部分钢筋笼，后续使用清孔器进行清理沉渣，清孔后使用钻机配合拉出钢筋笼，后续钻进采用膨润土加水泥的方式造浆钻进。本次塌孔处理历时3个月。可见海上嵌岩施工一旦发生塌孔，相关处理工作极其复杂，耗时很长。

综上所述，承台施工管理的重点：一是管好承台内结构施工质量，主要包括钢构焊接质量、钢筋绑扎质量和结构安装定位尺寸等；二是管好承台混凝土施工质量，主要包括混凝土用料强度、配合比、浇筑速度和养护；三是管好施工安全浇筑前检查模板螺栓，对单片模板间存在错位缝隙采取钢板条满焊加固措施，防止浇筑过程中模板开裂；浇筑过程中控制浇筑速度在 100m³/h 左右，采取每小时报浇筑方量。

3.1.2.4 嵌岩基础施工特点总结

三桩植入式嵌岩导管架基础、三桩芯柱式嵌岩导管架基础及高桩承台嵌岩基础三种嵌岩基础类型，其对比见表 3-1。

表 3-1 三类海上风电嵌岩基础比较

指标	三桩植入式嵌岩导管架	三桩芯柱式嵌岩导管架	高桩承台
桩径（m）	2.5	2.4	2.5
重量（t）	桩 80～100t/根 导管架 750	桩 70～100t/根 导管架 750	2900
特点	植桩精度要求高，导管架加工及嵌岩施工周期长，成本高，可用于覆盖层小于 15m 的海域	导管架加工周期长，嵌岩施工周期较长，适用于覆盖层较浅但大于 15m 的海域	承载力好，适用于浅水海域，施工工序复杂，施工周期长，不需要大型起重设备，但配套资源需求较大，海上施工作业很多

三桩植入式嵌岩基础可解决浅覆盖层下固定式海上风电基础施工的难题，在基础覆盖层小于 30m 的条件下使用该基础型式具有良好的适用性。三桩植入式嵌岩平台体积和重量小，转运灵活，平台布设三台钻机，钻进速度较快，但三桩植入嵌岩对钻孔精度要求极高。

三桩芯柱式嵌岩基础采用分体式嵌岩平台，该平台面积大，可利用空间大，设置先进的旋挖钻，钻进效率很高；平台设置混凝土搅拌设备，减少混凝土搅拌船需求，但超大转运环节复杂，转运效率较低。

高桩承台嵌岩基础承载力强，刚度较大，抗水平荷载性能较好，适用于中等水深且对海床地质条件要求不高的条件，其采用传统的港口工程施工设备和施工工艺，不依赖于海上大型起重设备；导管架基础通过搭建嵌岩平台完成钢管桩嵌岩工作，导管架上部采用桁架式结构，当水深到一定深度后，其刚度较高的特点就能从经济性上反映出来。但导管架结构交叉节点较多，结构建造复杂，结构疲劳敏感性高。

从单台基础海上施工时间角度进行分析，高桩承台嵌岩基础所需时间最长，海上作业时间最长，可控性最差，但由于高桩承台嵌岩基础无须制备导管架，该类型基础可避免由于陆上钢结构加工导致海上施工不连续的问题；导管架基础海上施工作业所需时间短，有利于控制海上船机设备成本，但是导管架基础加工周期长，且对海上大型起重船舶有要求。

3.1.2.5 嵌岩基础管理经验总结

（1）三桩植入式嵌岩基础

1）工程桩内焊接防漏封底板替代橡胶密封圈工艺。导管架结构与钢管桩桩基采用高强度材料灌浆连接。原设计为在导管架桩腿插尖上连续布置两层橡胶密封圈进行灌浆封堵，这种工艺对导管架腿部尺寸和嵌岩桩的相对位置、垂直度要求较高，各插尖位置的相对偏差、导管架安装时的环境影响等很可能导致密封圈失效，灌浆泄漏将造成大量浪费。为节省工程成本，降低施工难度，减小漏浆风险，现场对灌浆料密封方式进行改进。工程施工时在嵌岩工程桩内低于导管架插尖标高 20cm 处焊接一块圆形封底板，封底板底面采用焊接“井”字形槽钢或角钢的方式进行加强；为防止沉桩时浮力过大和桩内压力破坏封板，在封板中间开孔并焊接一段圆形钢管，上下各露出 3～5cm，作为进水孔和透气孔；灌浆前潜水员进入桩内，在进水孔上覆盖土工布、盖上密封盖的方式进行密封。导管架插尖底部空间（封底板至原有密封圈位置之间的空间）可采用强度较低的灌浆材料进行填充，降低材料成本。

2）钢护筒保留增加结构稳定、减少灌浆风险。为了保证基础覆盖层强度，增加基础桩稳定性，同时减少护筒内灌浆时的漏浆风险，打入土层的部分的钢护筒留在土中，上段在灌浆完成后在低于工程桩顶标高 1m 左右处进行水下割除，以不影响上部导管架安装为准，切割平整度可不做要求。保留在土中的钢护筒增加了植入桩上段的稳定性，以及降低了覆盖层灌浆漏浆的风险，提高了施工质量，同时也可减少钢护筒的拔桩施工这一海上作业环节。

（2）三桩芯柱式嵌岩基础

1）设计工程桩带工艺段替代送桩器沉桩施工工艺。芯柱式嵌岩基础钢管桩设计为带工艺段的超长桩体，整体沉桩后嵌岩施工，最后水下切割达到设计标高的施工工艺替代传统送桩器沉桩施工方案，减少了安装与拆卸送桩器的工序，缩短施工时间，有利于抢抓宝贵的施工窗口期；同时现场水下切割降低了可能因地质原因送桩器沉桩后桩顶标高达不到设计标高，需水下接桩的风险，保证了工程质量和施工工期。

2）创新混凝土海上浇筑方法。传统海上混凝土浇筑采用混凝土搅拌船进行混凝土浇筑，此浇筑方法易受制于海况和船舶性能影响，施工难度及限制性因素较多。通过采用分体式嵌岩平台，增加嵌岩平台施工面积，将混凝土搅拌设备及浇灌设备转移至嵌岩施工平台，增加混凝土浇灌的连续性和稳定性。

3）因地制宜，选择泥浆储存空间。海上风电施工远离陆地，海上平台转运均需要大型起重船舶，为降低成本，减小平台转运难度，嵌岩平台在满足嵌岩施工需求的基础上，要求平台尺寸尽量轻量化、小型化。为减少泥浆存储设备对平台空间的占用，创新采用完成沉桩后的钢管桩作为良好的储存器，将临近嵌岩施工工作面的钢管桩作为嵌岩施工泥浆的存储器，在减少泥浆存储装置对平台面积占用的同时，可以减少平台承受的泥浆重量荷载，进一步降低平台的成本。

（3）高桩承台嵌岩基础

1）预制封底保留为主体工程。本项目高桩承台基础钢管桩直径 2.5m，桩基斜率 1∶6，最大长度为 112m；为提升风机整体抗风性，保证风机安全运行，高桩承台桩基设计为斜嵌岩灌注桩。高桩承台基础施工时预制封底作为嵌岩施工平台支撑结构，保留为主体工程的一部分，缩短施工周期的同时对主体结构进行了加强，对顺利完成工程施工和提高风机运行安全性起到积极作用。

2）筒型切割钻的技术突破。通过筒型切割钻的技术突破，来替代深水区嵌岩人工重潜切割，有效解决了桩基施工过程中的部分卷边问题，大大降低了超过 60m 水深的人工重潜施工风险，有效推动了嵌岩施工进度。

3）锁定大吨位混凝土施工船。因高桩承台主体工序繁多，施工周期较长，主体工序完工后最终混凝土浇筑时间常为冬季。需提前谋划布局，锁定大吨位混凝土搅拌船，克服恶劣海况，保障冬季施工。

3.1.3　吸力筒基础

吸力筒基础是一种安全、高效的新型基础，因其施工简便且可零残余回收，一直受到行业内的青睐。

因阳江海域地质变化大，风化岩覆盖层较浅，为了避免嵌岩施工、提升施工效率，以及更好地利用阳江部分海域淤泥质土层较浅、持力层相对较好的地质特性，在经过风浪流荷载及疲劳计算等方面的论证，三峡阳江沙扒海上风电场最终选择采用了16台单柱复合筒基础和7台吸力筒导管架基础；单柱复合筒基础由江苏道达海上风电工程科技有限公司建造、施工，吸力筒导管架基础由广船国际有限公司（以下简称“广船国际”）、宏华海洋油气装备（江苏）有限公司（以下简称“宏华海洋”）建造，广州打捞局施工。

3.1.3.1　单柱复合筒基础

单柱复合筒基础筒裙直径36～39m，筒高8～12m，单柱直径10～12m，基础整体高度52～58m，总重量2400t。建造材料采用的是全钢，共由两部分组成，上部为单柱结构、下部为大直径圆筒结构，圆筒顶部布置横梁、内部含多片分舱板，筒体与单柱通过斜撑连接件相连。

单柱与筒顶盖板通过六道斜撑连接件相连接，斜撑连接件沿筒体环向等分布置。连接件为带内外翼缘板的肋板，高度为9.5m，上底宽2m，下底宽16m，肋板顶部与单柱连接处设置有2m宽的环形板；筒体由筒顶盖板、外筒壁、分舱板、单柱延伸段组成。筒体内部等分成7个筒舱，复合筒负压下沉时，这7个筒舱起调平作用，如图3–38所示。

图3–38　单柱复合筒基础

1. 单柱复合筒基础建造及施工工艺

（1）建造工艺

单柱复合筒型基础陆上建造时，将基础分为钢筒结构、顶盖结构、单柱结构、附属件结构、管路系统等部分进行单独预制，之后依次进行合拢。筒型基础在检验合格并具备下水条件后，筒型基础开始吊装入水并在码头港池内进行气密性检验。

1）单柱部分。单柱复合筒基础限制产能的主要因素在于单柱制作方面，尤其直径达12m的单柱生产制作周期需90d以上，极大影响了整体生产效率。在本项目制作中单柱的钢结构制作厂为江苏长风、宏华海洋、中交三航局南通基地等。单柱制作主要流程为下料、卷圆、焊接、组拼等环节。

卷圆过程中，由于单柱直径较大，卷成后一般情况下不能立即合拢焊接，需堆存等待其他卷圆，然后再合拢，如图3–39所示。但在这过程中圆筒会发生变形，针对变形的解决办法，一般通常有两种：一种是等待合拢时进行二次回圆、再运用卧式组筒；另外一种是在场地限制的条件下将单柱一节分为三段立式组筒。这两种方法在生产均有使用，相比较而言，卧式效率相对高，且施工质量较好。

图 3-39　单柱制作现场施工

2）下部筒型钢结构。筒基钢结构部分主要包括筒壁和分舱板。筒体外壁板下的支撑均匀布置，各舱板对接处的下部支撑采用螺栓连接的方式进行固定。

下部筒体由外筒壁、分舱板、内舱板、加劲肋组成，筒体建造的简易流程有以下几个方面。

①外筒壁片体下料、制备坡口、卷圆。

②加劲肋由生产车间下料，所有钢板下料完毕后根据图纸要求制备坡口。

③浇筑混凝土场地用于下节筒体的制作，场地要求顶面的整体平面度不大于 10mm。

④分舱板、内舱板拼板并与加劲肋小组、施焊。

⑤在承台上画出分舱板、内舱板、外筒壁的地样线。

⑥吊装分舱板、内舱板，并进行临时支撑固定。

⑦进行外筒壁片体的围圆、层层叠高，围圆方法同上节筒体；筒体和分舱板焊接纵缝应错开，且错缝间距不小于 500mm。为便于筒体的装配、焊接，筒体内外壁满搭脚手架，如图 3-40 所示。

3）筒顶盖板制作。筒顶盖板由顶盖面板、环形板、“T”形钢梁、“工”字形钢梁等组成。由于顶盖板重量大，不便于翻身，为降低施工难度，确保施工安全，将预拼板分为六块，以便于焊接时进行翻身。

顶盖板与下部钢筒合拢后切割四周余量，并画“T”排装配线；在完成单柱与钢筒合拢后，先装配径向“T”排和六块斜撑连接件，焊接完成后再安装横向“T”排。最后，待横向“T”排焊接完成后再进行栓钉施工。

4）主体结构合拢。将单柱运回基地进行翻身后再进行吊装合拢，在下部钢筒与单柱组装前，先将筒体和顶部盖板合拢，用 4000t 龙门吊将顶板吊装到筒体上，并将“T”形钢梁焊接完成；然后使用龙门吊将单柱底部吊装并插入筒顶盖板中间孔内，将连接件安装到筒顶盖板及底段单柱上，焊接检验完成后，将单柱上部一节与下部一节进行吊装合拢；整体合拢完工后安装附属构件，并完成所有焊接、无损检测检验、焊缝的修补。经检验合

（a）　　　　　　　　　　　　　　　　（b）

图 3-40　下部筒体结构制造

（a）下部筒体围圆；（b）下部筒体焊接

格后，使用龙门吊将基础整体吊装上船，如图 3-41 所示。

图 3-41　单柱复合筒基础合拢

5）海上运输。单柱复合筒型基础陆上制作完成、检验合格后，使用 4000t 龙门吊起吊至运输船“恒基 168”“亚庆海”“新辰海洋”等运输船（见图 3-42），并做好绑扎焊接工作，进行海上运输。

由于单柱复合筒基础海上运输距离较远，从江苏南通出发前往广东阳江，在海上正常航行平均时间为 7d，因此要求至少保持有一周好天气的情况下出港，尤其需要注意台风的活动路径。考虑到运输船上布置的大型结构物特殊性：受风面积大，在选择避风锚地时需要选择水域开阔、避风条件较好的锚地。沿途还需根据海事部门的要求，及早规划航行

（a） （b）

图 3-42 “恒基 168”“亚庆海”运输船

（a）“恒基 168”运输船；（b）“亚庆海”运输船

路线，确保航行安全，如图 3-43 所示。

（a） （b）

图 3-43 单柱复合筒基础装船运输

（a）单柱复合筒基础装船；（b）单柱复合筒基础运输

（2）施工工艺

单柱复合筒型基础海上吊装采用大型浮吊船“创力”“华天龙”进行施工，并采用负压贯沉技术进行安装。

在施工前应提前掌握安装作业区的施工条件，单柱复合筒施工吊装作业限制条件为：复合筒型基础吊装作业期间宜选择在风力不大于 6 级、有义波高不大于等于 3.0m、流速不大于 1.5 m/s、能见距离不小于 1500m 的施工窗口期进行。

1）沉放前准备。浮吊船到场后，将定位于距离指定位置 10m 左右的范围内，然后利用锚艇抛四锚定位，本过程耗时平均为 3h。待浮吊船抛锚完成后，运输船缓慢向浮吊船顶靠，两船可采用“丁”字形布置或并靠布置，如图 3-44 所示。两船间距不小于 3m，可利用浮吊船上的靠球控制两船之间的间距，两船再利用缆绳进行固定。

单柱复合筒基础由驳船运输到三峡阳江沙扒海上风电场后，需要使用 GPS 定位系统进行测量定位；“创力”在抛锚前后进行两次定位，初次定位确定各个锚点位置，再次定

（a）

（b）

图 3-44　“创力”吊装单柱复合筒基础靠位形式

（a）“创力”吊装单柱复合筒基础采用“丁”字靠形式；（b）“创力”吊装单柱复合筒基础采用并靠形式

位利用锚链及船体动力系统对基础（吊钩位置）进行精确定位，以满足设计要求。

“创力”与驳船定位结束后，同步进行管路系统接线调试、筒型基础定位系统安装调试、吊索具挂钩安装、解除绑扎等工作。

2）基础沉放。“创力”启动主钩，将单柱复合筒基础吊起并保持水平起升。当基础吊起离开驳船平面 0.5m 时暂时停止起吊，对浮吊、钢丝绳和吊带等受力状态观察 10min，期间检查筒型基础各部件变形或受力状态，重点检查各个分舱板变形情况、筒壁及分舱板底端解绑后是否存在局部变形等。如果发现分舱板变形较大，需现场组织专家评审筒型基础是否具备安全平稳沉放的条件；如果在筒底有卷边等变形的现象发生，需在变形处进行局部割除，以确保底端竖直状态。

当基础吊起离开驳船平面 2m 时再次暂时停止起吊，对浮吊、钢丝绳和吊带等受力状态观察 10min，期间再次检查筒型基础各部件变形或受力状态；检查结束后，解除两船绑扎缆绳，缓慢移动驳船，离开浮吊并移动至安全水域。

驳船撤离后，测量人员密切观察定位动态，确定基础安放位置。当基础投影到达设计确定的安放位置后，应停止收缴锚缆，查看各根锚缆状态，以确保基础均匀受力，稳定好浮吊船后开始下沉作业，如图 3-45 所示。

图 3-45　单柱复合筒基础挂钩起吊

浮吊主钩缓慢下降，直至筒底接触水面，之后筒型基础沉放主要分成以下几个步骤。

①筒型基础排气入水：打开排气阀门，缓慢放松起重船主钩使基础缓慢下沉，控制起重船主钩受力在 1000t 左右，直至使基础顶盖没过水面，此过程为基础入水第 1 阶段，如图 3-46 所示。

在打开阀门排气情况下，筒型基础初始入水 2.5m 后，开始控制吊钩下放速度，下放速度与排气量基本一致，始终保持吊钩受力 1000t 左右。从筒型基础接

（a）

（b）

图 3-46　单柱复合筒基础下沉

（a）单柱复合筒基础接触水面；（b）单柱复合筒基础排气下沉没过顶盖

触水面到筒型基础顶盖没过水面，此过程持续时间平均为 1. 5h。

②自重下沉：顶盖没过水面后，关闭 7 个舱阀门。保持基础稳定 3min，并在此期间观察浮吊的受力状态。之后继续下沉，此时单柱内部（设备平台至筒顶）进水，单柱内部（设备平台至筒顶）体积约为 950m^3，进水口直径 $D=600$mm；此阶段适当控制下沉速度与单柱进水速度基本一致。当水面没过设备平台后，设备平台以上单柱部分开始提供浮力，继续下沉直至筒底接触泥面，此过程为筒型基础入水第 2 阶段，如图 3－47 所示。

③负压下沉：筒型基础底端接触泥面后，继续送钩下沉，此时筒体将受到端阻力和侧摩阻力的影响，导致浮吊受力减少，当浮吊受力降低至 500t 时，保持此受力数值，观察筒型基础是否继续下沉，在浮吊始终保持固定吊力且稳定 5min 后，观察基础的受力状态及倾角数据是否正常；如果倾角在设计范围以内，打开阀门进行排气，浮吊逐渐送钩，主钩吊力保持基本不变，当筒内气体排完后，需继续观察浮吊受力状态及倾角数据是否正常。

筒型基础在自重作用下不断排水下沉，筒型基础入泥一定深度后，检查基础倾角，如果倾角偏大，需采用浮吊进行微调，调整方法为：保持吊臂不动，通过收绞锚绳，调整船体前后左右方向往倾角高点位置移动一点距离，从而带动吊机、吊索具微微调整位置；当倾角调整至允许值以内时，继续排水下沉，此时可打开水泵加快排水速度。

当基础入泥 5m 后，放松主钩，使吊带处于松弛状态，继续采用水泵抽水下沉；此时须通过各舱的压差对基础进行调平，基础整体的倾斜度需控制在 1/1000 以内，如图 3-48 所示。

整个下沉过程，利用负压调平系统实时控制基础的水平度，确保基础以垂直姿态入泥。整个下沉安装过程平均用时 10h。

图 3-47 单柱复合筒基础入水第 2 阶段

图 3-48 单柱复合筒基础入泥沉放到位

下沉完成后，施工人员进行拆除工装、气管和测量设备的工作，连同将“创力”的控制系统吊至运输船上，本过程平均用时 2h。最后“创力”起锚撤场，单柱复合筒基础吊装总用时平均 26h。

3）基础抛石。单柱复合筒基础的部分机位由于覆盖层较浅，在风机安装完成后需要进行抛铁矿石压载施工。

为防止筒体倾斜，采用平衡压载的方式进行施工：每个机位筒顶盖板被分成六个扇形梁格（扇形梁格的圆心角为 60°），作业船“长丰 88”按顺序对各扇形梁格进行抛填作业。在实际施工时作业船“长丰 88”进行了两次四锚定位，每次四锚定位后在三个扇形梁格的区域以绞锚方式进行移船。每个扇形梁格抛填时，作业船由外向内进行移动，但要保持船舷与单柱外沿的距离不低于 3m。在抛铁矿石压载的施工中，先从基础复测的最高点扇格开始抛填，抛填时由声呐设备在水下引导吊机驾驶员，让铁矿石以吨袋装料的方式，均匀且准确地安置在指定位置处，如图 3-49 所示。

2. 单柱复合筒基础工程管理

（1）单柱复合筒基础海上运输方面

单柱复合筒基础由于其重心高且筒径大，大多数船只甲板宽度很难满足其运输要求，为了匹配其运输及相应稳性计算，三峡阳江公司深入调研、提前锁定了“汇宗海”“亚庆海”“恒基 168”“新辰海洋”等船舶。

单柱复合筒基础内有 6 个分舱板，由于其钢板较薄，采用模块车转运上船时可能引起分舱板上下挤压产生变形，对后续基础下沉有一定的影响。为此，每台基础在堆存、装运的时候，首先保证工装、枕木布置得合理有效；其次在基础采用模块车运输时要避免分舱板受力产生变形，同时也可做相应的结构加强、反向加劲肋等措施，待基础上船或到达指定海上风电场后再进行切割处理；最后需要定时巡检基础的状态，如果发现分舱板存在屈曲或其他变形的情况，需及时进行修复加固处理，以免影响基础最终的下沉。

图 3-49 抛石压载施工

（2）单柱复合筒基础海上安装方面

项目中单柱复合筒基础所采用的泵组系统是两种不同的方案，一种是采用离心泵及潜水泵组合，另一种是采用可回收的潜水泵组系统。实践证明，本项目 16 台单柱复合筒基础下沉过程中均能安装到指定位置，两种泵组系统的下沉方式都是可行且安全高效的。

在基础下沉过程中要时刻监测其各仓压差及泵组流量，实时监测及调整保证基础在可控的倾角范围内。经过 16 台基础下沉经验得出，在基础入泥一半时务必要进行倾角及水平度的测量，以保证基础在可控范围内，在基础下沉到指定位置后，也应进行倾角及水平度的测量。

3. 单柱复合筒基础管理经验总结

三峡阳江沙扒海上风电项目单柱复合筒基础实现了从设计、建造、运输，以及海上施工的全过程把控与管理。在项目实践中，基础生产制作效率得到了极大的提升，也切实保障了单柱复合筒基础施工的连续、可控、高效。

1）三峡阳江公司采取专人值守、紧盯现场、下沉调研、剖析原因等方法，坚决破解制作的难点和痛点。一般而言，单柱复合筒基础的建造主要分为两大部分。首先是下部筒体制作，为了增加基础胎位数、多线程并行完成多台基础的制作，在实际中驻场工作人员积极协调施工团队、场地、机械等资源的高效利用。其次是上部大直径单柱制作，由于本项目采用的单柱直径较大，有能力、有资质的生产厂商屈指可数，且一根单柱生产制作时间长达 90d。为了保证三峡阳江沙扒海上风电场全容量并网的整体规划要求，三峡阳江公司工程管理部增派多人积极走访江苏 10 余家生产制作厂家，经过大量的协调谈判，最终锁定 7 家，确保单柱生产不影响整体单柱复合筒建造进度。

2）结合现场实际情况，综合考虑海缆敷设、风机并网送电、基础施工等各项因素，倒排工期后分析三峡阳江沙扒海上风电项目急需锁定大吨位浮吊船提升单柱复合筒施工效率，确保生产出来的单柱复合筒基础第一时间运输至现场并完成吊装。此举既能避免运输船滞船，又能缩短项目直线工期。

3.1.3.2 吸力筒导管架基础

三峡阳江沙扒海上风电场是国内首次应用三筒吸力筒导管架基础的海上风电场，之后该基础型式陆续在东南沿海与北方得到应用。三峡阳江沙扒海上风电场吸力筒导管架基础的基本参数为：吸力筒中心距为30m，筒直径为12～16m，筒高为10.6～15.8m，3个吸力筒总重量高于导管架主体结构，导管架主体结构重量为505～549t，吸力筒重量约为666～977t，如图3-50所示。

图3-50　吸力筒导管架基础结构示意

吸力筒技术是通过吸力泵使筒内外形成压差，在压力的作用下实现筒体沉贯入持力层，形成稳定三脚"吸盘"；该基础型式能够适应覆盖层较浅的区域，避免嵌岩施工，结构相对轻巧，单台用钢量1600t左右，海上施工安装周期1d，可以较好地适应阳江海域的海况，降低建设成本，缩短海上施工时间。吸力筒导管架基础在阳江海上风电场的成功应用，为后续国内深水区海上风电项目大规模应用积累了宝贵经验。

在三峡阳江沙扒一期海上风电项目首台三筒吸力筒导管架应用的基础上，通过对海况、地质、不同基础型式制作、施工工效对比分析后，在后续三峡阳江沙扒五期海上风电项目设计中又继续延伸采用一批三筒吸力筒导管架基础，并在实施过程中对基础筒径优化；施工期间尝试沉放分步、沉灌分离的施工工序，充分利用短暂的窗口期、发挥主力施工船舶在场作业工效。

1. 吸力筒导管架基础建造及施工工艺

(1) 建造工艺

导管架由不同管径、不同壁厚的空心管（杆）焊接而成，其结构相对复杂，且存在较多的焊接节点，这些焊接节点处的应力、疲劳、变形、屈曲等是导管架设计和制造的关键。同时，吸力筒导管架基础外形尺寸较大，需要较大的预制场地和具有相应能力的出运码头，以满足导管架的制造和运输，这对于钢结构制造厂家有较高的要求。在国内具备70m以下导管架基础制造能力的钢结构加工厂多集中在长三角地区，尤其以江苏、浙江地区居多，烟台、广东、福建也有个别厂家具有制造能力并积累了经验。当导管架基础高度超过70m后，由于受吊机及场地、码头等因素的限制，可进行基础制造的加工厂将大幅度减少。本项目海上风电场吸力筒导管架基础制造厂家为：广船国际、宏华海洋。

吸力筒和导管架采用分段制造的方式，其中导管架分片制造，筒体制造完成后运至厂区与筒盖拼装、涂装，制作过程涉及两次拼装，分别是吸力筒的拼装、吸力筒与导管架的总拼，如图3-51所示。

(2) 装船作业

吸力筒基础因其筒体直径、根开的缘故，吸力筒导管架基础较普通导管架的宽度超10m以上，同时吸力筒基础型式也决定了必须以立式的方式装船运输，且船宽以40m为宜。首批次3台吸力筒导管架基础的装船方式采用自走式模块化平板车滚装装船方式，运输船舶为"德渤2"（总长159.6m、型宽38.80m、型深10.9m，最大载重量20 500t，最大单边抬浮力12 000t）。第二批次4台吸力筒导管架基础，广船国际南沙厂区采用自走式

（a）　　　　（b）　　　　（c）

图 3-51　吸力筒导管架基础现场制作

（a）片体制作导管架；（b）吸力筒筒体制作；（c）吸力筒与导管架组装

模块化平板车滚装装船方式，宏华海洋采用港口吊装装船方式，运输船舶分别为“黄船030”非自航驳船（“黄船 030”船长 161.6m、船宽 56m、型深 8.8m，载货量 27 500t，调载能力 4×2500m^3/hr，甲板载荷 100kN/m^2，载货面积 7530m^2，满载吃水 6.5m）、“德荣17”（“德荣 17”船长 149.8m、船宽 39.2m、型深 9m、吃水 6.2m），如图 3-52 所示。

图 3-52　“德渤 2”“黄船 030”“德荣 17”3 艘运输船

每个运输支座与运输船甲板间通过三角板进行焊接加固，如图 3-53 所示。

（a）　　　　（b）

图 3-53　吸力筒导管架基础装船、海上运输

（a）吸力筒导管架装船；（b）吸力筒导管架运输

（3）施工工艺

吸力筒导管架基础主要由“华天龙”进行施工作业，主要工艺流程为：运输驳船进点，泵单元等设备安装与调试，基础起吊，自重下沉入泥，负压下沉，沉贯到位，灌浆施工等。

1）施工前准备。主作业船4000t全回转起重船“华天龙”在安装点附近抛锚就位，根据现场海流方向及风向情况，确定平面位置和船艏向并布置八点锚泊定位系统，起重船船尾两条缆绳为横缆。“华天龙”布锚就位完毕后，运输驳船“德渤2”在拖轮协助下在平潮时靠近“华天龙”，靠泊到位后进行带缆作业，形成并行靠泊，如图3–54所示。

图3–54 “华天龙”施工准备

2）沉放施工。靠泊结束后，“华天龙”开始挂钩并带好两条稳缆，同时安排专人进行泵单元及其他测量监测仪器的安装作业与调试。“华天龙”挂钩带力后进行吸力筒导管架的解除加固作业；待“华天龙”吊起吸力筒导管架基础后，运输驳船再移船离开，“华天龙”慢慢移船至导管架安装点，如图3–55所示。

图3–55 吸力筒导管架基础起吊

吸力筒导管架基础调整至设计位置和朝向后，“华天龙”主吊下降，逐渐减少吊钩的吊力，吸力筒导管架基础到达泥面后，首先是自重下沉入泥。待吸力筒导管架基础自重入泥结束后，开启吸力泵系统抽水，吸力筒导管架基础进入负压下沉阶段，在负压下沉期间，吊钩跟随吸力筒导管架基础缓慢下降，并实时记录控制吸力筒导管架基础的下沉速率，如图 3–56 所示。

图 3–56　吸力筒导管架基础下沉施工

吸力筒导管架基础整个下沉期间应密切关注导管架的水平度。若在下沉期间，吸力筒导管架基础水平度出现较大偏差时，应通过控制吸力泵的抽吸作用及增减吊钩的吊力，逐步调整吸力筒导管架基础的水平度，使其控制在设计要求范围内。

贯入过程中实时监测吸力筒的内外压差、贯入度、倾斜度、筒体完整状况、海床表面土压力等指标，并对风机机位、施工船（机）名、泵系统型号、负压贯入开始时间、负压贯入结束时间、自重入泥阶段贯入速度、负压贯入阶段贯入速度、贯入完成后筒顶偏位、筒顶标高、吸力筒最终倾斜度、负压贯入过程中所用负压沿深度分布等内容做好记录。

当吸力筒入泥达到设计标高时，停泵复核基础水平度，如未达到要求则开启泵系统进行微调，直至吸力筒导管架基础水平度满足要求，完成吸力筒导管架基础安装，如图 3–57 所示。

图 3–57　吸力筒导管架基础沉放到位

3）灌浆施工。吸力筒导管架基础的吸力筒与海床之间的环形间隙需进行灌浆连接，在吸力筒导管架基础吊装沉放贯入稳定后进行灌浆作业。

灌浆施工由起重船上所装载的灌浆高压泵灌注专用材料，在灌浆作业前，应进行原材料作业和配合比设计，并进行相关试验工作。灌浆前利用预留注浆管道向灌浆段腔体底部压注清水冲洗灌浆腔体，清理完成后尽快进行灌浆施工。灌浆材料的性能必须确保满足设计要求，采用小型压浆机将材料浆液压至吸力筒与海床之间的环形间隙内，自下而上注满。施工时，利用灌浆的自重挤出海水达到密实，待浆液从顶部灌浆溢流孔溢出后即可停止灌浆。

2. 吸力筒导管架基础工程管理

（1）沉放施工管理

项目中前三台吸力筒导管架基础采用的是SPT泵组，SPT泵组为进口泵，流速大、故障少，泵组可靠性相对较高，一般在沉贯2～3m后打开第二个泵。

2020年9月，首台吸力筒导管架基础在三峡阳江沙扒一期海上风电项目施工，首次安装时吸力筒导管架基础筒顶各安装一个SPT泵组，沉放贯入一次完成，达到设计标高后，剩余量灌浆至筒顶，整体时间约2d。

后续四台吸力筒导管架基础，三峡阳江公司创新性采用广州打捞局自制国产泵组，该泵组仅具备单向抽水功能，但单个泵最大流速约180m^3/h（系统压力235MPa），现场实时流速控制在100m^3/h，每个筒盖上布放1～2个泵，流速增大下沉速率明显增加。后续四台吸力筒导管架基础沉贯数据见表3–2。

表3–2　后续四台吸力筒导管架基础沉贯数据

沉贯指标	4号	5号	6号	7号
自重下沉入泥高度（m）	5.5	6.5	5	5
自重下沉时间（h）	3	3	4	3
安装泵组数量（个）	3	6	6	6
泵组最大流速（m^3/h）	140	200	200	—
沉贯时间（h）	10	8	9	9
筒入泥高度（m）	13.2	15.5	10.9	10.9
沉贯控制水平度（%）	0.05	0.07	0.09	0.05
故障停滞时间（h）	5	3	3	6
故障数量（个）	2	1	1	1
备注	“创力”吊装 “华天龙”沉贯	“创力”吊装 “华天龙”沉贯	“华天龙”	“华天龙”

（2）灌浆施工管理

灌浆施工由“南天龙”“华力”船舶完成，首批次三台吸力筒导管架基础每个筒的灌浆时长约为5.25～27.23h，9个筒平均灌浆时长约15.1h，单台吸力筒导管架基础灌浆时长约为25.59～69.6h。

通过现场工效经验总结、缺陷分析、方法提升，包括减少灌浆阻力，增加夜间施工照明、后勤保障措施以及，延长灌浆有效窗口期等方式。后续四台吸力筒导管架基础每个筒的灌浆时长约为3.3～14h，12个筒平均灌浆时长约为6.7h，单台吸力筒导管架基础灌浆时长约为16.55～26.45h。灌浆速度的提升进一步扩大了吸力筒导管架基础安装快速高效的技术优势。

3. 吸力筒导管架基础管理经验总结

筒型基础海上施工是较快的一种基础型式，将筒型基础制作生产工业化、模块化，可将海上施工窗口期利用最大化。

根据本工程实践，吸力筒导管架基础沉贯存在两种施工工序：一是吸力筒导管架基础自重下沉后，立即进行负压下沉；二是吸力筒导管架基础自重下沉一段时间后，再进行负压下沉。在吸力筒导管架基础负压下沉完成以后，筒内灌浆与风机吊装也存在两种施工工序：一是先进行筒内灌浆，再吊装风机；二是先吊装风机，再进行筒内灌浆。不同施工工序的选择应根据海洋环境和机位点地质条件进行精确的结构计算，分析吸力筒导管架基础承载力、抗滑移、抗倾覆稳定性，以及基础动力模态和疲劳分析等是否满足相关的规范要求。

因此，吸力筒导管架基础对机位点的地质勘测要求更高，但也为现场施工提供了多种选择的可能性。在工程实践中，三峡阳江沙扒海上风电项目创新性地使用了低成本的多筒基础导管架快速吊装方法，通过优化吊点设计，采用大型起重船吊放+专用工程船沉贯的方法，减少大型浮吊船的待机时间，提高大型浮吊船的利用率，节约了施工成本；采用了风机吊装船安装+专用工程船灌浆的方法，提升了风机吊装船连续作业的效率，合理高效化地利用冬季阳江海域较少的空窗期。

3.2 风电机组安装工程实践

三峡阳江沙扒海上风电场共安装315台风电机组，按厂家分类，包含金风科技机型62台，东方风电机型43台，明阳智能机型210台，包含直驱机型和半直驱机型，容量范围为5.5MW、6.45MW、7MW、8.3MW等。

大型风力发电机的不对称奇数叶片设计可使得叶片流量大、噪声低，其三叶片式的设计动态平衡性能优良，不容易振荡，可以减少磨损，降低维护成本，因此海上风电场叶轮全部采用三叶片式，海上风电场累计使用叶片945支，累计重约30 000t；使用塔筒1228节，累计重约147 700t；主要由水电四局、福建福船一帆新能源装备制造有限公司（以下简称“福船一帆”）、大连重工装备集团有限公司（以下简称“大连重工”）等钢构生产厂制造。风机安装工程全部使用风机安装平台船使用，主要有“大桥福船”“华祥龙”“黄船33”“三航风和”“三峡能源001”“福船三峡”“Seajacks Scylla”等。

（1）直驱机组特点

直驱机型由叶轮直接与发电机进行连接，变桨传动选用液压变桨系统，设计根源上规避齿轮传动点蚀问题，各叶片的安全蓄能器相互独立，在安全链触发时可以完成从最小桨距角下紧急顺桨。直驱机组机舱包含控制柜、辅助提升机、偏航系统、热交换系统，变流器和主控系统通常设置在塔筒底部，无齿轮箱、齿轮箱冷却、联轴器、液压制动、变流器、高速发电机等复杂零部件。该结构设计有效减少了人员日常电控维护和机械维护的爬机次数，降低了现场维护成本。由于无齿轮箱等部件，机舱内不需另配油液润滑，有效减少了机组自耗电，提升净上网电量。

（2）半直驱机组特点

半直驱风力发电机组的传动系统由叶轮系统、行星齿轮箱、发电机组成[12]。风轮系统与齿轮箱连接，齿轮箱高速轴通过联轴器与发电机连接。发电机为中速永磁发电机，发电机定子通过变频器后与电网连接。半直驱风力发电机组在叶轮系统和发电机之间增加使用中低速齿轮箱，取消低速轴或减小低速轴的长度。主轴采用双轴承支撑，优化了载荷承载路径，极大减缓了主轴承传动链的载荷。通过齿轮箱提高转速，有效减少发电机转子的磁极数，系统集成度高、结构更加紧凑、电能质量高，有利于降低机舱的体积和重量，提高了机组对风能的利用率，低压穿越能力强。

风电机组安装是一个系统性工程，确保风机连续吊装需求是项目风机安装的关键。通常需在综合考虑现场及未来一段时间的风速、风浪、涌浪及其运动周期等海况情况基础上，精心组织并安全完成机组设备生产保供、运输船舶的保障及设备装船运输、风机安装船的站位插桩及施工准备、风电机组过驳吊装等施工环节。

3.2.1 风电机组安装

3.2.1.1 整体安全要求

进行风电机组安装作业时应注意至少未来 3d 内的天气情况，如风速、涌浪等，确保现场气候情况具备机组安装条件。

1）平均风速大于 6m/s、瞬时风速大于 8m/s 时，不能进行叶片和叶轮的起吊作业；平均风速大于 10m/s、瞬时风速大于 14m/s 及雷雨大雾天气时，禁止吊装工作。

2）风速超过 8.3m/s 时，不能使用吊篮；风速超过 10m/s 时，不能吊装塔筒、机舱、发电机、轮毂，不能使用机舱提升机提升物品；风速在 10min 平均风速超过 11m/s 时，严禁进行叶轮锁定并进入轮毂内工作；风速超过 12m/s 时，请勿在叶轮内工作，不得打开机舱天窗，不得在机舱外工作；风速在 10min 平均风速超过 15m/s 时，不得对偏航系统进行维护；风速超过 15m/s 时，请勿攀爬风机；风速超过 18m/s 时，请勿在机舱内工作。

3）当使用设有大小钩的起重机时，大小钩不得同时各自起吊物件；两台起重机同时起吊一重物时，要根据起重机的起重能力进行合理的负荷分配，吊重质量不得超过两台起重机所允许起重量总和的 75%，每一台起重机的负荷量不宜超过其安全负荷量的 80%。

3.2.1.2 安装前准备工作

在工程实际中，风电机组通常需大型运输车将塔筒、机舱、轮毂、叶片等设备集结至具有万吨级装载能力的码头；吊机的吊装能力需满足设备装载需求，通过码头吊机将风电机组设备集中转装至具有一定运载能力的运输船舶上；海况条件较好的项目通常采用吨位较小的运输船舶，其运载能力和现场驻位稳定能力在海况恶劣的区域适应性较差。三峡阳江沙扒海上风电项目创造性地提出万吨级运输船舶成套运输风电机组的概念，采用具备四锚定位能力的超大型运输船，提高船舶定位能力和船机定位后的稳定性，保障风电设备安全起吊过驳条件。

在运输前，应将设备在船舶上做紧固处理，避免风电机组设备在运输过程中由于船舶颠簸导致移位、转动、倾斜、磕碰受损。在设备运输过程中，要求风机安装船提前到指定机位点驻位，在进行风机安装之前应严格落实“一机一方案”，进行机位插桩计算，确保现场安全；且应清楚风机安装船的性能参数：船长宽、最大作业水深、极限工况、额定起重量和最大起升高度、最大作业半径、船舶对地压力、吊装曲线等，根据海上风电场地质勘测柱状图、钻孔参数、钻孔标高测图等参数进行插桩评估。

桩靴预压加载时，桩靴贯入是一个连续的过程，贯入深度一般要根据地基土极限承载力沿土层的变化曲线和桩靴承担的荷载来确定。海上风机安装船桩靴极限承载力计算的特点是以下几个方面。

1）桩靴自身尺寸较大，计算极限承载力时需要考虑桩靴承载影响范围内土层强度的变化，即按多层土（层内均质）地基或强度随土层深度线性变化的地基土进行承载力评价。

2）桩靴贯入深度较大，需要考虑地基土可能回流到桩靴上部对极限承载力的影响，可采用浅基础极限承载力计算公式评价桩靴极限承载力及贯入深度，并考虑土体层状分布对地基极限承载力的影响。

$$q_u = N_c S_c d_c + q N_q S_q d_q + \frac{1}{2}\gamma B N_\gamma S_\gamma d_\gamma \tag{3-1}$$

式中：c 为地基土的黏聚力；q 为基础底面以上超载，一般为基础底面以上土重；N_c、N_q、N_γ 为地基承载力系数，与地基土类型有关；S_c、S_q、S_γ 为基础形状修正系数，与基础形状及地基土类型有关；B 为基础埋深修正系数；d_c、d_q、d_γ 与基底深度及地基土类型有关；γ 为土层的重度。

$$N_q = e^{\pi\tan\theta}\tan^2(45° + \varphi/2) \tag{3-2}$$

$$N_c = \begin{cases} 5.14, 当\ \varphi = 0 \\ (N_q - 1)\tan\varphi, 当\ \varphi > 0 \end{cases} \tag{3-3}$$

$$N_\gamma = (N_q - 1)\tan(1.4\varphi) \tag{3-4}$$

$$S_c = 1 + 0.2(B/L)\tan^2(45° + \varphi/2) \tag{3-5}$$

$$S_q = S_\gamma = \begin{cases} 1 & 当\ \varphi = 0 \\ 1 + 0.1(B/L)\tan^2(45° + \varphi/2) & 当\ \varphi > 10° \end{cases} \tag{3-6}$$

$$d_c = 1 + 0.2(D/B)\tan^2(45° + \varphi/2) \tag{3-7}$$

$$d_q = d_\gamma = \begin{cases} 1 & 当\ \varphi = 0 \\ 1 + 0.1(D/B)\tan^2(45° + \varphi/2) & 当\ \varphi > 10° \end{cases} \tag{3-8}$$

式中：当 φ 在 0°～10°之间时，S_q、d_q 线性内插确定取值；B 为基础宽度；L 为基础长度；D 为基础埋深；φ 为地基土的内摩擦角。

在桩靴地基极限承载力随桩靴贯入深度的变化曲线上出现承载力随贯入深度降低段，当桩靴承担的最大荷载超过上部土层的最大极限承载力时，桩靴地基会发生穿刺破坏。当硬土层提供的极限承载力安全系数大于或等于 1.5 时，或是安全系数小于 1.5 但大于 1.2，同时满足软弱下卧土层提供的极限承载力安全系数大于或等于 1.2 时，穿刺不会发生，该位置适合平台插桩。

若桩靴在既定对地压力下的贯入过程中贯入速度增加，说明上部土层的承载力不够，需减少桩靴对地压力，保持桩靴在可控速度下缓慢贯入，防止穿刺破坏或桩靴的快速贯入，以及可能导致的平台倾覆事故。在贯入过程中根据固定的高程基准点确定桩靴贯入过程中的贯入量，以及达到预定对地压力静载预压结束、作业结束时刻桩靴地基的沉降量，不能以甲板作为基准点来确定桩靴的贯入量及桩靴地基的沉降量。

风机安装船在就位时要全面分析海上风电场潮水流向，以及被吊物吊距要求。进行吊装前的安全检查，检查吊梁吊带是否完好，吊机是否正常，甲板是否整洁，检查船上电力供应稳定性及电压是否合适。

在风电机组吊装前应至少提前3d完成机组基础的交面验收工作，对机组法兰的高程、水平度、椭圆度等通过全站仪等设备进行检测，满足吊装技术规范，同步对基础安装质量进行验收检查，保障机组吊装后运行的安全性。

风电机组安装属于超过一定规模的危大工程，需要对安装方案进行专家评审。提前进行吊装前的安全技术交底，明晰设备参数，分配好工人工作职责和岗位，合理组织施工。准备好吊装所需的工器具，及时对物料进行清点，核对安装过程所需的螺栓、螺母和垫圈的型号、规格、数量等，螺栓等物料要求多备，以备缺失或不足。

塔筒设备进场应对外观、油漆、结构尺寸及内辅件进行检查和验收，对法兰基础面进行清理及涂抹密封胶，确定吊装塔筒门位置标识。塔筒两端用防雨布封堵好，法兰用“米”字撑固定。检查电气柜安装完好、电缆绑扎无松动，各段平台、梯子和其他附件的紧固螺栓牢靠，清理杂物，避免吊装时异物落下伤人。

机舱设备进场应对外观、油漆、内部设备的开合、线路连接的稳固及辅件等进行验收检查，对设备采购清单进行现场清点确认。

叶片进场应对叶片编号、外观、油漆、接闪器及连接螺栓等进行验收检查，确保进场叶片无碰撞破损、油漆完好、螺栓无锈蚀。最终海上风电机组吊装应严格按照审定版施工方案执行，同时严格进行施工质量、安装过程的管控。下面详细介绍海上风电场现场海上风机安装施工工艺。

3.2.1.3　机组安装施工工艺

（1）直驱机组

直驱机组安装工艺流程：风机安装船DP定位、预升、预压→运输船锚泊→底塔安装→生活集中箱、运行维护吊机、散热器安装→零部件等附属材料过驳→中段塔筒吊装→顶段塔筒吊装→机舱吊装→叶轮组装→发电机安装→叶轮组装验收→叶轮吊装→机械消缺、交接验收→电气安装→电气消缺、交接验收→安装完成。

在实际施工过程中，由于部分直驱机组发电机与机舱没有集成，需分开安装，在发电机安装过程中有较长的等待时间；通过将发电机安装与叶片组对的工艺顺序进行调整，将原来的先安装发电机再组装叶轮，调整为在机舱安装完成后先组装叶轮，进行第一遍力矩拉伸，完成后再进行发电机的安装，在发电机与机舱对接力矩拉伸的同时，叶轮进行第二遍至第三遍力矩拉伸，及时进行验收；辅吊进行其他辅助物件吊卸，在准备叶轮吊装装载挂钩的同时，进行溜尾夹具的调试作业，可有效地提高吊装效率。

1）风机安装船进场、定位、顶升、预压。平台船通过DP动力定位系统，航行至安装机位旁，通过平台船动力自动定位，完成风机安装船的定位、插桩、预压等操作，图3–58为“华祥龙”现场驻位。

图 3-58 “华祥龙”现场驻位

平台船站位：顺流向站位，机位中心距离平台船舷位有一段吊装安全距离，该安全距离应保证吊机满足吊机起吊性能曲线要求的同时，也要防范突然天气变化对设备的影响，风机安装船顶升高度应与甲板面和基础平台平齐。

2）搭设人行栈桥。主吊机在风机基础平台与平台船之间吊装搭设专用人行栈桥，形成平台船与安装机位联系通道，如图 3-59 所示。

图 3-59 搭设人行栈桥

3）设备运输船锚泊。设备运输船根据平台船的定位，通过抛锚作业将运输船缓慢移至合适位置，如图 3-60 所示。

4）底塔安装。根据具体情况，底塔吊具通常在吊装前在运输船上进行安装，运输船上安装吊具存在晃动、安全性差等风险；在底段塔筒解绑后，由风机安装船上的主吊直接挂钩吊装底塔，如图 3-61 所示。

项目现场通过对比上部塔筒与底塔吊装时间，因过泊、装起重吊座及装卸溜尾吊座等工序，卧式塔筒安装时间比立式塔筒平均多耗费 1.5h/节。

为保障法兰面完全贴合，安装前应用扁锉打平法兰凸点和毛刺，不得破坏整体表面，之后用专用清洗剂清理；在基础法兰面离内外边缘 10mm 处分别均匀涂抹一圈密封胶；按全润滑方式涂抹螺栓润滑剂，螺栓配合的螺纹涂抹长度要求覆盖螺母与螺栓旋合部分，并

图 3–60 “亚庆海”运输船锚泊

图 3–61 “三航风和”安装底塔

涂抹到螺母接触端面；螺栓必须由下向上自由穿入法兰螺栓孔，紧固螺栓力矩时须用皮革或橡胶垫对塔壁进行防护，整个高强度螺栓施工过程期间应保持连续，不得间断。底段塔筒安装完成后，需安装塔筒与基础之间的防雷接地线，打磨接平整地柱，涂抹导电膏。塔筒螺栓安装如图 3–62 所示。

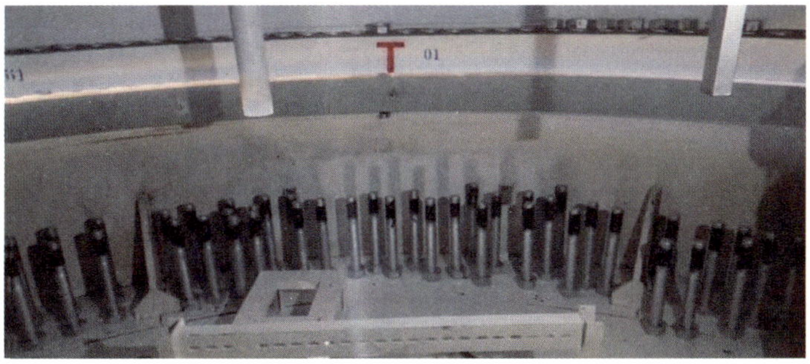

图 3–62 塔筒螺栓安装

现场吊装中，部分机组由于设计 2 条环形吊带，配合吊梁吊装底塔；实际施工过程中因环形吊带需要穿过底塔吊座挂住吊梁另一端，该施工方案既因吊座开孔较小而吊带直径较粗导致施工效率低下，同时又因吊梁下放过程极易碰撞底塔顶部变流柜，造成极大的安全隐患。本项目通过改用4根环形吊带配合大吨位卸扣的工艺改进上述方案，成功达到预想的保证安全前提下提质增效的预期效果。

5）生活集中箱、运行维护吊机、散热器的安装。生活集中箱、运行维护吊机及散热器大多安装在平台外部，根据设计不同，部分底段塔筒将散热器进行配套安装。在大吨位主吊安装底塔的过程中，现场采用小吨位辅吊将生活集中箱、运行维护吊机、散热器从运输船上过驳到风机安装船甲板上，再由主吊进行安装，节约窗口期。

6）其余设备转驳。将剩余塔筒、机舱、发电机、轮毂转驳至风机吊装船平台合适位置，卸除设备外部包装及固定工装。机舱摆放时应保证运输支架平稳且机舱口偏离主风向90°左右，如图3–63所示。

（a）　　（b）

图3–63　设备过驳

（a）塔筒转驳；（b）机舱转驳

7）剩余塔筒吊装。采用双吊机配合方式，主吊钩通过吊带与塔筒上法兰面吊具连接，辅吊通过吊带与塔筒下法兰面翻身吊具连接，采取“主上辅下”翻身工艺，将塔筒翻身后接续安装至上一段塔筒法兰面，如图3–64所示。

现场施工过程中，应注意底段或底段、中段塔筒吊装完成后，若因为现场气候等因素，中段或顶段塔筒吊装与底段、中段塔筒吊装时间相隔很长，应在底段或中段塔筒法兰上盖上防雨布。为避免涡激振动对风机造成结构破坏，应使用绕流块装置对风机进行保护。

8）机舱吊装。机舱吊装应无雨雪、雷电等恶劣天气。吊装前应对机舱进行清洁。组装配套测风支架、激光雷达支架，安装航空灯、风速仪及风向标、测风支架堵头等。

吊机主钩挂钩机舱吊具，稳货小车挂钩机舱缆风绳，起钩缓缓带力至一定吨位，拆除工装螺栓，继续起钩将机舱调离至工装1.0m左右，在机舱底部的法兰孔上间隔120°均匀安装三根机舱导正棒检查机舱、吊具、稳货小车缆风绳状态，过程中将机舱吊至塔筒上口，调整对位安装，如图3–65所示。

在工程施工中，机舱安装须与顶段塔筒同一天内完成，以防止产生“涡激振动效应”。如果机舱不能在24h内完成吊装，顶段塔筒应延后吊装。若顶段塔筒已经吊装，由

（a） （b）

图 3-64 上三段塔筒吊装

（a）中段塔筒吊装；（b）顶段塔筒吊装

（a） （b）

图 3-65 机舱吊装

（a）机舱挂钩；（b）机舱吊装完成

于风速过大不能起吊机舱时应把顶段塔筒卸下放置在安全位置固定。

9）叶轮组装。海上风电场全部采用国内先进的风机安装船进行机组吊装作业，风机安装船性能优良。通过科学论证分析，海上风电场叶轮安装全部采用整体安装的方式，即轮毂与三叶片在风机安装船甲板上对接完成后，进行整体吊装。

在进行叶片对接安装过程中，现场常规采用主吊机挂钩叶尖吊点，辅吊机挂钩叶根吊点从运输船过驳叶片，如图 3-66 所示；叶片起吊时，主吊和辅吊吊车必须要同步起吊，叶片起吊在高空时，主吊和辅吊吊车吊带需要保持垂直，受力均匀；将叶根对准轮毂结构，待叶片接近轮毂系统时，找准叶片与变桨轴承内圈的位置（基本同心）继续将叶片靠近轮毂系统，直至叶片安装的螺栓离变桨轴承 10mm 左右时，操作变桨轴承转动，使变桨轴承内圈零位孔与叶片前缘零位标识对齐，依次组装三支叶片；叶片螺杆和螺母涂抹润滑膏，螺杆头外侧留 3～5 扣螺纹不涂润滑膏。叶片组装后，叶根法兰与变桨轴承法兰面的结合处需要涂抹硅酮密封胶进行密封，且要抹平。

此外，三峡阳江沙扒海上风电项目批量采用了当时国内单机容量最大的 7MW-186 机

（a）

（b）

图 3-66 采用主辅吊进行叶片组装

（a）叶片起吊；（b）叶片螺栓安装

型，叶片长度达 91m，超过当期风机安装船副钩作业半径，因此需要采用吊梁吊装叶片，如图 3-67 所示。

（a）

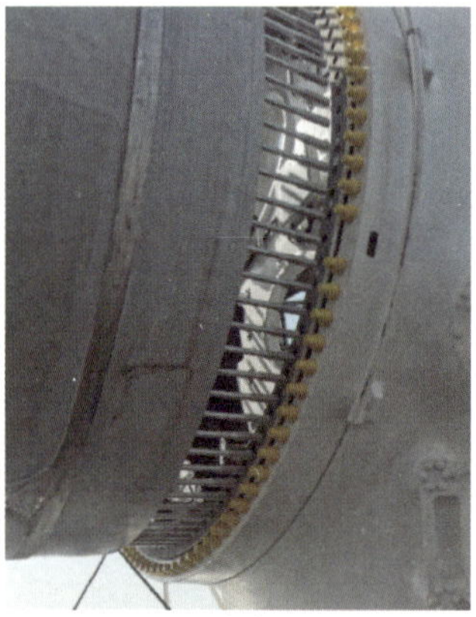
（b）

图 3-67 采用吊梁进行叶片组装

（a）叶片吊梁吊装；（b）叶轮组对

10）发电机安装。直驱机型根据设计不同，东方风电机组在生产厂内将机舱和发电机进行了集成，对风机安装船的吊机起重性能要求较高；金风科技机组的发电机采用吊装现场与机舱进行组装，对风机安装船吊机起重性能要求较低。

在现场安装发电机时，应测量绕组间的绝缘，检查集油瓶，拆除相关物件，将吊带、吊梁、卸扣安装在发电机的对应位置，在横梁上绑扎好缆风绳，新螺栓使用前须涂抹二硫化钼，安装滑环和盘车孔堵头。

发电机吊装时，主副钩起吊同步，缓慢起钩；将吊具起吊至发电机上方通过缆风绳调整吊具角度至发电机转子标记位置，安装导正棒；待主吊提升到发电机离地满足翻身的位置，副钩缓慢落钩，主钩缓慢提升，摘掉辅吊钩吊具。主吊缓缓提升，通过缆风绳控制直至与机舱连接，如图 3-68 所示。

图 3-68　发电机安装

11）叶轮组装验收。在发电机与机舱连接期间，需要对叶轮进行力矩验收，满足力矩值要求后方能起吊，如图 3-69 所示。

图 3-69　叶轮组装验收

12）叶轮安装。在叶轮起吊前，安装好轮毂吊具并与主吊通过吊带连接。根据不同厂家对吊装的要求，选择采用溜尾夹具或溜尾吊带。采用溜尾夹具时需在使用前对溜尾夹具接电测试，确保各项功能正常，在溜尾夹具左右两侧各绑扎一根缆风绳，保证夹具安装、拆卸时的稳定性；缆风绳绑扎在靠叶尖侧的夹具本体上，溜尾夹具夹持部位需要设置在叶尖标记±0. 5m 范围以内，如图 3-70 所示。

在现场安装时应严格要求，对于发电机和叶轮不能即时完成吊装的，塔筒吊装不允许长期停滞在三段以上吊装阶段；对于完成整机吊装但仍长时间未上电的机组，存在发生涡激振动的可能，应当使风机正对主风向，并对塔架螺栓定期巡检。

在安装施工中，提高对现场螺栓的紧固和拉伸效率是非常重要的。通过增加易耗件工具、每艘风机安装船至少配置 2 套工器具等手段，可极大地提高现场施工效率。

13）附件及电气安装。叶轮安装完成后，需要对机组内部未安装物料进行安装，包括机舱发电机软连接、通风散热管道、动轴门框、滑环拨叉及附件、主轴润滑管路、转子锁定与转子刹车管路、液压变桨管路连接等进行安装，并对整个机组进行电气设备安装

（a）　　（b）

图 3-70　叶轮安装

（a）叶轮起吊；（b）叶轮安装

调试。

为缩短塔筒及风机设备倒驳时间，在叶片组对后的力矩验收期间，利用吊机空档期将下一套风机设备的主机和轮毂倒驳至吊装船甲板上，并在移船至下个机位期间将设备内相关电气安装工作提前完成；在叶轮吊装完成后的整机验收期间，将下一套塔筒的中间段塔节预先倒驳至甲板上，可提前释放运输船舶，缓解码头塔筒装船时间，提高现场供货效率。

（2）半直驱机组

半直驱机组吊装工艺流程：风机安装船 DP 定位、预升、预压→运输船锚泊→底塔安装→生活集中箱、运行维护吊机、散热器安装→零部件及螺栓材料过驳→中段塔筒吊装→顶段塔筒吊装→机舱吊装→叶轮组装→叶轮吊装→机械消缺、交接验收→电气安装→电气消缺、交接验收→安装完成。

相对于直驱机组，半直驱机组吊装与直驱机组基本一致，半直驱机组相对直驱机组发电机集成在机舱内部，发电机转速高、结构紧凑、整体重量轻、机组安装方便，少了发电机安装流程；同时吊装所需的工吊具相对简单，相比直驱安装效率要高，详细吊装工艺不再赘述。从海上施工效率角度，直驱机型在工厂阶段可采取组合体方式提前将发电机和机舱总装，减少海上分体组合吊装时间。

在风机吊装过程中要严格要求设备厂家落实备品备件“一用一备”，防止出现特殊情况导致备品备件不足，耽误现场吊装，特别是冬季短窗口期。风机安装船舶在定位时应与运输船充分沟通，考虑运输船实际、涌浪和季节性风向，满足运输船航向尽量减小与流向的夹角，从而减少运输船的横摇，运输船船首处于下风流侧顶风顶浪，防止运输船浪大走锚风险。为防止现场螺栓等物件的遗失，不得采用易损纸箱或其他编织物包装，应采用木箱装载统一放集中箱内运输，做到应放尽放，减少现场吊机过驳次数，提高效率。风机安装船泊位应与机位之间根据实际作业半径预留足够的安全间距，防止突发不可预见阵风等因素导致叶片与吊装船磕碰现象的发生。落实风电机组安装前要进行安全检查、安全技术交底和施工组织安排，加强环境保护，有序进行施工作业。

3.2.2　风机安装工程实践

（1）冬季海况船舶运输案例

东北季风南下后，阳江海域多有强冷空气，海况周期较短，为有效利用窗口期，根据前期冬季海况船舶运输的稳性分析，通过市场调研、科学研判，提出了适应阳江海域海况船舶的参数要求：具备四锚定位，满载吃水不小于等于 6m；船舶型宽不小于等于 30m；船舶型长不小于等于 150m；吨位不小于等于 20 000t。

针对首次相邻两机位大兆瓦同步吊装，三峡阳江公司勇于挑战和创新，首次采用万吨级大型运输船舶“亚庆海”（长宽为 149.8m×33m）在阳江港码头成功装载两整套大兆瓦风电设备装载运输，如图 3-71 所示。通过对船舶装载的合理布局，叶片采用两层叠放方式，叶片与叶片之间预留 1.5m 以上安全间距，吊装辅助材料统一集放船尾，机舱、轮毂同侧放置的方式，一船同步供应两艘风机安装船，实现同步风电机组的安装。

图 3-71　万吨级运输船“亚庆海”成套运输风机设备

（2）冬季海况风电安装案例

阳江海域冬季潮流类型为不规则半日潮流，波浪无明显的固定的特性，多涌浪，常出现天气良好、浪大涌急的现象，导致设备运输船舶难以安全靠泊风机安装船进行设备过驳作业。为有效克服此现象，提高施工效率和有效利用窗口期，三峡阳江公司对国内风机安装船的性能进行综合评判，与广州打捞局通力合作，采用具有全电力驱动，续航力 3600n mile，可无限航区航行的风机安装船“华祥龙”进行风电机组安装作业，如图 3-72 所示。设备厂家通过大型装载车运输设备至阳江港码头，“华祥龙”风机安装船靠泊码头通过自身 1200t 绕桩吊机在浮态状况下与码头吊机配合，自行装载风电机组塔筒、机舱、叶片等货物至甲板，再由“华祥龙”自航运输至风电机位进行运输、安装一体化作业，有效节约了施工窗口期，避免了运输船舶设备过驳风险。

3.2.3　风电机组安装工程管理经验

2021 年是国内海上风电施工的高峰年，为确保年底并网目标，在市场产业资源供应不足、船机资源紧张、人员流动困难的多重压力下，对三峡阳江沙扒海上风电项目提前预

（a）　（b）　（c）　（d）

图 3-72 “华祥龙”冬季海况下进行机组运输、安装

（a）装船；（b）塔筒吊装；（c）叶轮组对；（d）叶轮吊装

判、精准施策，与国内优秀单位中交三航局、中铁福船海洋工程有限责任公司（以下简称“中铁福船”）、广州打捞局等精诚协作，在市场上寻求锁定优质船机资源，提前采购材料，深入贯彻践行“六大保障措施”，全面推动海上风电施工建设提速。

阳江海域海面天气炎热，项目坚持“以人为本”，强化人文关怀，加强防暑降温管理，配备充足的防暑药品及茶饮等，对塔筒内施工强制要求全阶段采用大型鼓风机进行强制通风，确保塔筒内部温度满足人体舒适度要求，提高人的主观能动性。

2021 年单月风机的吊装数量比 2019 年和 2020 年有较大幅度提升，即使在 2021 年 4—9 月为台风多发季节，但海上风电场每月仍完成机组吊装作业达 27 台之多，尤其 2021 年 5 月创造了单月最高吊装风机 37 台的纪录，吊装效率最快达到 34h/台。2021 年全年累计吊装完成 264 台风电机组设备。

（1）生产制造保障措施

1）塔筒设备生产制造保障。海上风电场由于基础型式复杂，塔筒型式超过 13 种，塔筒设备数量繁多，累计 945 节。为保障连续交付，材料有序供应，充分利用市场优质资源，将产能分散到沿海各大具备生产条件的如水电四局、福船一帆等设备生产厂。并提前规划从国内大型钢材生产厂如首钢集团有限公司等购置所需板材，严格按照生产工艺进行进厂质量验收。

为避免不同机型塔筒在生产期间的相互干扰，除主力生产基地外，其他基地如广东中山、南沙、东莞，福建福清及山东青岛等尽量安排生产同种机型塔筒，且对于塔筒机型种类较多的生产基地，也优先安排同种机型塔筒连续生产，以提高每个生产基地的生产效率。根据现场基础型式的施工完成顺序，对不同基地中不同型式塔筒的生产顺序也做了严格的规划。由于现场单桩基础型式生产和施工较快，厂内则优先生产单桩基础型式的塔筒；由于高桩承台浇筑周期较长，因此厂内生产导管架塔筒的同时，穿插生产高桩承台塔筒；同时，由于单柱复合筒及吸力筒等基础型式生产周期长，生产时间较晚，因此相应型式塔筒的排产计划也相应靠后，以保障现场连续性吊装作业。

2）主机设备生产保障。明阳智能生产基地均在广东。其中，主机由阳江生产基地生产，叶片由汕尾生产基地生产，具有较为明显的短途运输优势；金风科技生产基地分布在江苏、广东、福建三地，其中主机主要由江苏、广东、福建基地生产，叶片主要由江苏基地生产；东方风电主机主要由福建基地生产，叶片主要由山东、江苏基地生产。为保障主机设备的有序供应，制订详细的机组生产计划，设备生产提前，大部件采购计划提前，以确保设备按期完成供应，严格监督主机及叶片等各生产工序质量。根据厂家生产线分布情况，按照“就近装配、远距集运”的思路，采用海陆联运的方式，积极协调相关政府打开陆运通道。设备提前进行运输集运、码头堆场、堆场倒运与直接运输到机位相结合。

（2）设备存储及码头装卸保障措施

为避免风电机组等设备远距离运输和窗口期的限制，积极释放工厂产能保障设备连续生产，确保施工窗口期有足够的设备存货以保障项目现场连续安装。三峡阳江公司综合考量项目现场设备需求、储存面积需求和运输便捷性等因素，通过多方论证选址，在阳江港码头和广泰隆码头附近提前租赁了30 000m^2的设备堆场，如图3-73所示。码头设备堆场启用后，将生产完成的设备连续装运至码头前沿，根据堆场设备储存情况，合理安排海上风电场各支腿船吊装时序，以供吊装现场及时调配。同时积极与码头协调合作，提高三峡阳江沙扒海上风电项目设备运输船在码头装船、卸船的优先级，极大地满足了吊装现场需求。

图3-73　码头设备堆场

（3）设备运输保障措施

项目海域水深较深，且离岸远、涌浪较大，同时常年受到南海台风的影响，海况恶劣，可作业施工窗口期仅110d左右。为充分利用这短暂的施工窗口期，项目对运输船机采取了更进一步的优化和要求，运输船舶采用常规5000t级甲板驳船为主，以及万吨级大件运输船舶为辅相结合的方式进行运输保障。在现场海况较好时，利用常规5000t级船舶能高效集港及能有效适应海况的优势，充分利用窗口期快速实现设备的过驳交付；在海况较差时，通过万吨级甲板驳船自身海况适应性高及专业改造后的四锚定位等特点，有效提高运输靠泊定位的稳定性，有效增加了现场施工窗口期。现场采用超60艘运输船舶保障风电设备安全起吊过驳，创造和利用施工窗口期，为项目降低施工风险、提高施工效率、缩短工期创造了有利条件。

2021年3月，项目在国内第一次通过万吨级运输船配合风机安装船完成了单月10台风机安装的新纪录，该纪录的创造为后续国内海上风电风机安装效率大幅度提升打开了局面，也提供了重要的借鉴意义。

（4）施工资源保障措施

海上风电机组的安装工程主要依靠大型自升式平台船，由于海上风电在国内发展迅猛、机型迭代速度快，项目也快速从近海浅水向近海深水扩展，随着风电机组单机容量、尺寸、作业水深和风电基础尺寸的快速增加，导致市场原有风机安装船的数量及性能难以满足当前海上风电项目的需求。面对2021年国家对海上风电上网电价政策调整的截止日期，现场建设进入了最后的“抢装潮”白热化阶段。国内自有可用于风机安装的各类船舶50余艘，主要为自升式平台船和坐底式起重船，桩腿长普遍处于75～95m，主吊重普遍处于600～1500t，且大部分未配置DP动力定位系统，仅有20余艘安装船能够安装大兆瓦的海上风电机组。

根据工程建设实际情况，需保障现场风机吊装工作面与实际需求相符合，对市场船机资源进行市场调查，根据阳江海域海况、地质条件及设备参数等要求，提前与各大船机单位协调合作，锁定市场上优质的吊装平台船只如“大桥福船”“华祥龙”“黄船33”“三航风和”“华电稳强”“三峡能源001”“福船三峡”“Seajacks Scylla”“国电投001”“海龙瑞彩”“大桥向阳”“能建广火”等累计12艘船舶完成机组吊装作业，国内优秀的风机安装施工单位如中铁福船、广州打捞局、中交三航局等单位对项目建设给予了大力支持。自升式平台船统计见表3-3。

表3-3 自升式平台船统计

序号	船名	吊重（t）	桩腿（m）	长×宽×型深（m×m×m）	船型	吊机	作业水深（m）	主钩吊高甲板面以上（m）
1	大桥福船	1000	85	108.5×40.8×7.8	DP1自升支腿式	1000t绕桩吊	50	110
2	华祥龙	1200	105	130×42×9	DP2自升支腿式	1200t绕桩吊	65	141.8
3	黄船33	800	85	86×40×4.7	DP自升支腿式	800t绕桩吊	55	105
4	三航风和	1200	90	90×40.8×7.2	DP1自升支腿式	1200t绕桩吊	50	120

续表

序号	船名	吊重（t）	桩腿（m）	长×宽×型深（m×m×m）	船型	吊机	作业水深（m）	主钩吊高甲板面以上（m）
5	华电稳强	600	78	120×38×6.8	DP1 自升支腿式	600t 绕桩吊	40	110
6	三峡能源 001	800	91	85.8×40×7	自升支腿式	800t 全回转起重机	50	120
7	福船三峡	1000	85	108.5×40.8×7.8	DP1 自升支腿式	1000t 绕桩吊	50	110
8	Seajacks Scylla	1500	105	139×50×11	DP2 自升支腿式	1500t Huisman 吊机	65	105
9	国电投 001	1000	78	100×40×8	DP2 自升支腿式	1000t 绕桩吊	45	115
10	海龙瑞彩	600	90	118×38.4×6.6	自升支腿式	600t 绕桩吊	50	150
11	大桥向阳	800	70	89×45	DP2 自升支腿式	800t 绕桩吊	70	—
12	能建广火	600	85	83.46×39.6	DP1 自升支腿式	600t 绕桩吊	50	118

其中，由于“华祥龙”具备自航能力，在冬季施工中，在海况条件较差的情况下，自航至码头装载风电机组设备再运至机位进行机组安装作业，在阳江海域充分展现了其优异的性能。“Seajacks Scylla”是 Seajacks 旗下风机安装船，是一艘外籍船舶，为满足海上风电场部分特殊机位在特殊海况下的机组安装需求，三峡阳江公司联合广州打捞局充分进行市场调研，通过多方努力及相关部门的大力支持，从海外引进了“Seajacks Scylla”。海上风电场严格按照船舶出入境管理要求，积极配合海事部门、边防机构、海关等加强船舶、人员出入境管理，并按要求派员进行现场管理，严格落实安全规程，运输船舶提前办理搭靠证，在各方努力配合下，“Seajacks Scylla”顺利完成了特殊机位机组的安装任务，如图 3-74 所示。

（a）　　（b）

图 3-74　Seajacks Scylla 吊装风机

（a）塔筒吊装；（b）叶轮吊装

（5）质量安全保障措施

为保障风电机组质量，通过对现场监造严格要求，每套设备出厂前必须进行全面质量检查，出具签字盖章的放行单方可放行，在出运时严格排查、清点各项吊装物件及材料，从源头防止因物料缺失导致吊装作业暂停。加强船舶安全检查，发运之前检查船机安全性能，确保船机运行安全，同时不定期进行船舶安全大检查，防微杜渐；设备运输到机位，吊装之前需交付放行单，进行入场设备质量检查，保障设备质量，详细记录每一套设备编号及出处。同时，机组吊装之前严格落实“一机一方案”及“管生产必须管安全”原则，提前组织人员进行基础五方交面验收，确保基础在吊装之前满足设计要求，组织全员详细安全技术交底，严格执行安全作业要求。

（6）提质增效保障措施

1）在塔筒厂内提前安装吊具。底塔起吊时需安装 6 块吊座供安装船主吊挂钩使用，正常需在运输船抵达机位后安装，海上因涌浪影响，运输船上下起伏，安装吊座困难且浪费时间。三峡阳江公司为每个项目增加采购 6 套吊座，在工厂内提前提前安装至底塔，减少海上施工工序，提升施工功效。

2）现场工器具（力矩扳手、液压站）冗余配置。力矩扳手、液压站为易损件，却是风机安装必备工器具，三峡在每条安装船上多配置 1～2 个力矩扳手、液压站，防止出现工器具现场损坏需从岸上调运备件延误工期的事件。

3.3 海缆敷设施工

3.3.1 海缆敷设基本情况

三峡阳江沙扒一期至五期、明阳沙扒海上风电项目 35kV 海缆敷设总公里数约 612.87km、220kV 海缆敷设总公里数约 316.59km。其中三峡阳江沙扒一期海上风电项目通过 12 回 35kV 集电海底电缆接入一期项目海上升压站，升压后通过 2 回截面积 3×500mm^2 的 220kV 海底电缆接入陆上集控中心，再以 220kV 线路接入电网。三峡阳江沙扒二期海上风电项目通过 15 回 35kV 集电海底电缆接入二期项目海上升压站（其中南侧 4 回 35kV 集电海底电缆接入一期海上升压站），升压后通过 2 回截面积 3×500mm^2 的 220kV 海底电缆接入陆上集控中心。三峡阳江沙扒三期 A1、四期、五期海上风电项目通过 30 回 35kV 集电海底电缆接入三期、四期、五期项目海上升压站（三峡阳江沙扒三期海上风电项目 A2 区 4 回 35kV 集电海底电缆接入二期海上升压站），海上升压站通过 3 回 3×1000mm^2 的 220kV 海底电缆登陆集控中心，二期至五期项目均升压至 500kV 后，以 1 回 500kV 线路接入电网。明阳沙扒海上风电项目通过 12 回 35kV 集电海底电缆接入明阳沙扒海上风电项目海上升压站，升压后通过 2 回截面积 3×400mm^2 的 220kV 海底电缆接入陆上集控中心，再以 220kV 线路接入电网。

三峡阳江沙扒一期、二期、四期海上风电项目 35kV 海缆与一期、二期项目 220kV 海缆及明阳沙扒海上风电项目海缆均由广东院负责设计，三期、五期项目 35kV 海缆及三期、四期、五期项目 220kV 海缆由上海院负责设计。三峡阳江沙扒一期至五期海上风电项目海缆均是宁波东方电缆股份有限公司（以下简称“东方电缆”）负责供货及敷设施工，东方电缆厂区全景如图 3-75 所示。三峡阳江沙扒一期至五期、明阳沙扒海上风电项目 35kV 海底电缆长度统计见表 3-4。三峡阳江沙扒一期至五期、明阳沙扒海上风电项目

220kV 海底电缆长度统计见表 3–5。

图 3–75 东方电缆厂区全景

表 3–4 三峡阳江沙扒一期至五期、明阳沙扒海上风电项目 35kV 海底电缆长度统计

项　目	型号及规格	长度（km）	每期总长（km）
三峡阳江沙扒一期海上风电项目	3×70mm^2	约 38	约 94
	3×120mm^2	约 17	
	3×240mm^2	约 24	
	3×400mm^2	约 15	
三峡阳江沙扒二期海上风电项目	3×150mm^2	约 23	约 110
	3×300mm^2	约 58	
	3×500mm^2	约 5.0	
	3×70mm^2	约 12	
	3×95mm^2	约 12	
三峡阳江沙扒三期海上风电项目	3×120mm^2	约 42	约 136
	3×185mm^2	约 27	
	3×300mm^2	约 36	
	3×500mm^2	约 30	
	动态海缆	约 1.0	
三峡阳江沙扒四期海上风电项目	3×120mm^2	约 27	约 73
	3×185mm^2	约 10	
	3×400mm^2	约 32	
	3×500mm^2	约 4.0	
三峡阳江沙扒五期海上风电项目	3×120mm^2	约 30	约 93
	3×185mm^2	约 19	
	3×300mm^2	约 24	
	3×500mm^2	约 20	

续表

项　　目	型号及规格	长度（km）	每期总长（km）
明阳沙扒海上风电项目	$3\times70mm^2$	约 16	约 102
	$3\times95mm^2$	约 14	
	$3\times185mm^2$	约 14	
	$3\times300mm^2$	约 58	

表 3-5　三峡阳江沙扒一期至五期、明阳沙扒海上风电项目 220kV 海底电缆长度统计

项目名称	型号规格	长度（km）
三峡阳江沙扒一期海上风电项目	$3\times500mm^2$	约 79
三峡阳江沙扒二期海上风电项目	$3\times500mm^2$	约 58
三峡阳江沙扒三期海上风电项目	$3\times1000mm^2$	约 33
三峡阳江沙扒四期海上风电项目	$3\times1000mm^2$	约 33
三峡阳江沙扒五期海上风电项目	$3\times1000mm^2$	约 32
明阳沙扒海上风电项目	$3\times400mm^2$	约 80

3.3.2　静态海缆敷设

海缆敷设主要包括风机与风机之间、风机与海上升压站之间的 35kV 海底电缆；海上升压站与陆上集控中心之间的 220kV 海底电缆。根据水深要求，通常采用深埋方式[13]。

海缆敷设常采用牵引缆绞锚、水下冲埋、边敷边埋的敷设方式。另外，鉴于两种电压等级的海缆在截面积、允许牵引力、单位重量、单根长度等参数存在较大差异，本工程选用两种不同吨位等级的海缆敷设船舶，即场内 35kV 集电海缆与 220kV 送出海缆采用两类不同的施工船舶，场内 35kV 集电海缆与 220kV 送出海缆优先选用带 DP 动力定位系统的施工船舶，但市场上带 DP 动力定位系统的施工船舶很少，本项目多数采用普通无 DP 动力定位系统敷缆船施工。

3.3.2.1　35kV 海缆敷设工艺

阳江区域近海海上风电项目基本采用无动力驳船作为海缆专业施工船，船上布置有储缆池、过缆桥、布缆机、起重架、高压供水系统、埋设机、海缆埋深监测系统、DGPS 定位系统、侧向锚泊定位系统、发电机组和生活舱等设备设施。施工时利用施工船自有的锚泊定位系统进行前进和纠偏的施工方法。

海缆敷设主要施工工艺：工程测量→接缆、运输→路由扫海→试航→电缆始端登陆→海缆埋设施工→电缆尾端登陆→光纤、终端制作→耐压试验→收尾工作。详细海缆施工工序有以下几方面。

（1）测量

施工船抵达施工现场前，利用 DGPS 定位系统对各端登陆点及工程的各主要控制点进行测量复核。

在施工过程中的测量，利用海底电缆埋设监测系统对电缆的具体位置进行监控。施工

有关数据的采集主要通过倾角传感器、电子罗经、姿态传感器、水深传感器、触地传感器、张力传感器、拖力传感器、计米器、水泵压力传感器及水下定位系统（USBL）等组成。其中倾角传感器、姿态传感器、触地传感器、水深传感器在施工过程中可显示当前埋设机在海底的姿态，以及当时的水深情况；电子罗经、DGPS 及 USBL 定位系统则在施工过程中直观反映当前的船位及电缆在海底的位置；同时在施工过程中可以通过拖力传感器测出牵引埋设机的牵引力。施工根据测量数据实际情况来调整施工方法，确保电缆的安全及施工的质量。

（2）接缆

接缆一般采用海缆敷设船接缆，接缆地点为海缆厂家生产厂码头。电缆在过驳前首先对电缆进行出厂检验，对装载上船的海底电缆进行性能检测；待测试符合设计标准后方能进行过驳装缆。装船完毕后重新对海底电缆性能检查测试，确认各项性能指标满足工程设计要求。

对于风机区间的集电海缆，由于型号截面积不同，装缆顺序需要提前策划，要结合现场的施工进度合理安排。具备敷设条件的海缆要放在缆盘最上面；对于不具备敷设条件的，需要按照风机的吊装计划合理布置，避免具备敷设条件的海缆压到缆盘底层，确保敷设施工的连续性。

同时，同一种规格型号的区间海缆，采用一整根放置在一个缆盘内，不同区间海缆放置在不同缆盘内的方案，方便现场施工策划。

（3）扫海

该工作主要解决施工路由轴线上影响施工顺利进行的旧有废弃缆线、插网、渔网等小型障碍物。采用锚艇尾系扫海工具，沿设计路由往返电缆路由扫海一次，发现障碍物由潜水员水下清理；若遇到不能及时清理的大型障碍物，由潜水员水下探明情况后，研究解决方案并上报。

（4）敷设主牵引钢缆

海缆敷设船一般为无动力船型，需要拖轮拖带。本工程主要采用设置主牵引钢缆引导敷设船的施工方法。施工船根据 DGPS 定位系统就位于始端登陆点附近路由轴线上，由锚艇在电缆设计路由上抛设牵引锚；牵引锚和主牵引钢缆连接后开始敷设主牵引钢缆，直至将主牵引钢缆和施工船上卷扬机连接。施工时，由锚艇敷设主牵引锚。当施工至终端登陆点附近时，将主牵引钢缆与预先设置在终端登陆点侧的地锚相连接，牵引钢缆敷设时采用 DGPS 定位系统，牵引钢缆的敷设精度控制在±5m 范围内。

（5）始端登陆施工

以导管架-单桩敷设为例，其他基础型式类似。施工船到达工作区域后，将沿设计路由靠近登陆点。在距平台较为合适的位置，根据潮位变化确定登陆时间，尽可能靠近平台以便于电缆登陆作业并缩短登陆距离。登陆作业步骤有以下几个方面。

1）施工人员将预留在“J”形管的钢丝绳与船上的牵引绳相连。在平台上作业人员及牵引设备准备就绪后，由平台指挥人员指令施工船慢慢收起牵引绳的松余量，并将预留的牵引钢丝回收到船上，用牵引网套将牵引钢丝和电缆连接。

2）施工船准备就绪后，通知平台上作业人员，平台上作业人员慢慢将电缆牵引到平台，过程中保持布缆机释放速度与牵引速度一致，直到放出设计标明的电缆余量，抵达平台后，停止牵引作业。

3）安装弯曲限制器、中心夹具及锚固装置，其包括海缆在平台内桥架、支架上的固定，铠装悬挂和锚固装置的安装，以及弯曲限制器安装等工作。弯曲限制器及中心夹具在抛放海缆时计算好长度就进行安装。随后在牵引电缆登陆海上平台时，弯曲限制器随电缆一起穿进“J”形管喇叭口，直到其顶端中心夹具卡紧即可。牵引结束后，潜水员沿海缆路由进行探摸，以确保海缆无小圈、无悬浮。潜水员探测确认中心夹具与“J”形管安装牢固，拍摄清晰照片，而平台工作人员安装锚固装置并对管口进行密封。

（6）电缆敷埋段施工

主要施工步骤：埋深施工船锚泊就位→缆盘内电缆提升→电缆放入甲板入水槽→电缆放入埋设机腹部→投放埋设机至海床面→牵引施工船敷埋电缆。

电缆放入水槽后，船头电缆装入埋设机腹部，关上门板，采用吊机将埋设机缓缓吊入水中，搁置在海床面上。严格按照埋设机的投放操作规程，按照以下程序进行作业。

埋设机起吊，脱离停放架；电缆装入埋设机腹部，关上门板并在埋设犁电缆出口处设置吊点，保证投放埋设犁时电缆的弯曲半径；埋设机缓缓搁置海床面；潜水员水下检查电缆与埋设机相对位置，并解除吊点；启动高压海水泵；启动埋深监测系统；启动牵引卷扬机；施工船起锚，开始牵引敷埋作业。

为了确保海底电缆施工的路由精确性，海上导航全部采用 DGPS 卫星导航定位仪进行定位，实时记录海缆实际路由。

埋设机的埋设速度由卷扬机的绞缆线速度来决定，并由连接卷扬机的变频器来控制与调节。在施工过程中，电缆埋设深度可通过调节牵引速度、水泵压力、牵引力及埋设机姿态等手段来控制。采用高压水泵，确保电缆的埋设深度也能达到设计要求。敷埋时施工船易偏离路由轴线，拟采用拖轮及锚艇，在施工船背水侧或背风侧进行顶推，以纠正埋深施工船的航向偏差。海缆敷设埋深犁如图 3–76 所示。

图 3–76　海缆敷设埋深犁

（7）终端登陆

具体的登陆作业步骤与始端登陆基本相同，单桩风机需安装好穿孔保护装置；海缆在终端登陆风机平台，都需穿过与桩基固定的“J”形管或导管；登陆前应将钢丝绳置换管子内部预先设置牵引绳索，用船上绞车将海缆由海底通过“J”形管或导管登陆至平台塔筒内预定位置。

施工员准确测量船舶与平台的距离、水深和平台高度及海缆的余量，计算出所需长度。在船上用测量绳量取海缆长度和确定切割位置。使用切割机在缆盘内将海缆切断，将切割后的海缆头进行防水封堵处理。使用布缆机将海缆从退扭架中牵引出，按照“8”字形把海缆盘绕在甲板上，直至牵出海缆头。将海缆头与平台上通过滑车的钢丝绳、钢丝网套可靠连接。启动船上牵引绞车，将海缆牵引至平台上预定位置后，然后将施工船上海缆放入水中。在施工船甲板完成安装弯曲限制器。单桩风机预先由潜水员水下安装倒挂装置。海缆敷设埋深犁现场施工如图 3-77 所示。

图 3-77 海缆敷设埋深犁现场施工

（8）收尾工作

海缆登陆后通过锚固装置固定，并将光缆和电缆分离。在每个锚固装置设置后设置一台光缆接续盒，从复合缆内剥离光缆引入光缆接续盒，在光缆接续盒内转接成无金属光缆，穿管敷设后接入塔筒内控制柜，并完成光缆的所有熔接工作。

电缆及其附件在安装完成后，在电缆线路上进行下列试验。

交流电压试验：对电缆绝缘施加交流试验电压。电压波形应基本为正弦形。根据现场实际试验条件，采用施加 52kV 交流电压，时间为 1h，绝缘应不发生击穿。

光单元试验：对光纤各部分双方 OTDR 进行测量，测量光纤长度、光纤的传输衰减等。

3. 3. 2. 2 220kV 海缆敷设工艺

220kV 海缆敷设施工与 35kV 海缆敷设施工相似，工序总体包括：工程测量→电缆过驳、运输→路由扫海（养殖网箱、障碍清除）→试航→电缆始端登陆→陆上段电缆施工→海缆埋设施工→电缆末端上平台→复合缆引接光缆敷设及熔接→电缆水下保护→终端制作→耐压试验→余缆处理。其中陆上 220kV 海缆登陆施工主要包括以下两点。

（1）近岸海缆施工

在近岸处由于浅滩及礁石的存在，为了保护施工船舶安全，避免落潮时施工船舶搁浅，结合路由区域地形图、实际测量水深及工程区域的潮汐情况，施工船舶在离岸较远处进行锚泊就位，进行海缆浅滩登陆施工；利用锚泊定位系统将施工船定泊于登陆海缆登陆轴线上，在海缆上绑扎泡沫浮球，利用预先设置在始端登陆点处的牵引机牵引海缆浮运至登陆点，220kV 海缆近岸施工如图 3-78 所示。

图 3-78　220kV 海缆近岸施工

（2）海缆沟施工

海缆登陆沙滩后，在电缆沟未完成施工时，将海缆盘放在沙滩上暂存，待海缆沟完成后即可继续拉缆施工。登陆点距离集控中心仍有 783m 电缆沟及电缆管廊。电缆沟拉缆通过布置在电缆沟内的导向滚轮（拐弯处）、过缆滚轮（每个间隔 3m）引导海缆，使用绞磨机拉缆。拉缆过程中敷设人员已各自就位，绞磨机拉力应均匀，并注意观察电缆有无损伤，发现电缆损伤应及时报告，拉缆由专人指挥、统一调度、统一行动。

阳江海域近岸段有大片的海底礁石和沙砾底质，礁石区域地形变化剧烈，不利于海缆施工作业。在海缆施工前进行路由扫海作业，并对礁石区进行复核、探摸，确定礁石区的实际范围，制定专项施工方案，根据设计要求采用铸铁套管保护，同时覆盖钢丝石笼或混凝土软体排的方式进行保护，减少海缆被损伤的风险。

根据要求，处于礁石区域时在海缆施工船上安装球墨铸铁关节套管并敷设至海床面上。钢丝石笼或混凝土软体排在施工现场附近的码头进行加工制作，完成后吊装至施工船上。钢丝石笼或混凝土软体排的安装拟采用专业施工船进行吊装施工，施工船架设 DGPS 定位系统，精确定位在海缆敷设路由轴线上，潜水员下水配合进行钢丝石笼或混凝土软体排安装作业，确保按照设计图纸完成施工作业。

3.3.3　海缆保护施工

工程海域海床表层土为新近沉积淤泥土，登陆部分为海涂和浅滩，可采取以下防护措施进行海缆保护。

建设单位应按照国家法律法规，维护自己的合法权益，保护海底电缆的安全。根据国家 2004 年 3 月 1 日起施行的《海底电缆管道保护规定》，海底电缆敷设竣工后 90 日内，建设单位应及时将海底电缆的路线图、位置表等注册登记资料报送当地县级以上人民政府海洋行政主管部门备案，并同时抄报海事管理机构。省级以上人民政府海洋行政主管部门每年会向社会发布海底电缆管道公告，划定海底电缆管道保护区，禁止在海底电缆保护区内从事挖沙、钻探、打桩、抛锚、拖锚、底拖捕捞、张网、养殖或者其他可能破坏海底电缆安全的海上作业。

对于穿越航道区或路由靠近大型锚地的海缆可加大 0.5～1m 的埋深；在航道内施工时，需向海事主管机关申请交通管制，同时尽量避免航道封航。国家鼓励海底电缆所有者对海底电缆管道保护区和海底电缆管道的线路等设置标识。划定海底电缆管道保护区：海港区内为海底电缆两侧各 50m。海底电缆管道保护区周围还应设置禁锚标志，以提醒过往船舶不得在保护区内锚泊。考虑到大型船只紧急抛锚的概率极低，海底电缆可采取全程埋设并采用套管保护、加盖保护件（碎石、混凝土件、沙包等）的方式。设置标识时，应向县级以上人民政府海洋行政主管部门备案。同时，可以对海底电缆管道采取定期复查、监视等其他保护措施。对于本工程，在此建议进行航道安全论证专题工作，明确现有航道和远期规划航道对电缆埋深、警示标志、警示灯等方面或装置的要求。

在海缆“J”形管出口一般采用海缆弯曲限制器，弯曲限制器最大功能就是对海洋复合软管在外部荷载作用下起到良好的限弯作用，从而确保海洋柔性软管在各种荷载作用下不会过度弯曲。目前国内所应用的弯曲限制器大多从国外购买，交货周期长、费用高，国内弯曲限制器的设计与制造刚刚起步，海缆弯曲限制器品牌主要厂家有江阴久盛科技有限公司、宁波泛叶海洋科技有限公司、上海泰铠码科技有限公司等。

本阶段针对礁石带成片露礁区域的情况，为了减少施工风险与难度，提高海域段海缆施工工效，对原规划路由上的大片礁石区段路径进行优化设计。

过礁石段海缆是局部无法完成敷设的路径段，为了提高登陆段海缆的安全性，海缆敷设后应按要求进行保护作业。礁石区往往为无法开挖的区域，可以采用预先使用套管保护后覆盖混凝土连锁块或钢丝石笼保护等方式，如图 3-79 所示。

图 3-79　混凝土连锁块施工

在工程运行过程中，若因海床整体演变等原因造成海底电缆外露，需根据外露区域的工程地质条件选择合适的后续保护工程，如抛填级配块石、设置预制水泥盖板、布设钢丝铅笼网兜等设施。

施工期保护，海缆过缆顺序、方向、速度应按照生产厂家要求进行施工。过缆时应密切关注潮位变化，以及海缆施工船的高程变化，尽量选择潮位起伏小的时段进行过缆作业。严格控制过缆过程中缆盘回转接缆速度。

入水前检测所有海缆密封性，保证密封良好。登陆平台时应防止海缆过度弯曲、扭折，实时观察与控制海缆牵引过程中的弯曲半径。完成登陆后应尽快固定海缆。

埋设机的投放，回收作业应在风浪、潮流较小的情况下进行。投放完成后，应派潜水员下水检查海缆与埋设机的相对位置。埋设机姿态异常时，可采取停止或减慢牵引速度，调整埋设机牵引缆长度，调整牵引缆入水角度等措施，使埋设机姿态恢复正常。

合理协调海缆敷设与基础施工、风机施工、海上升压站施工的作业顺序，防止其他船舶施工期间插拔腿或射锚过程中造成海缆损坏。

3.3.4 海缆敷设管理经验总结

3.3.4.1 前期勘察设计

对于前期勘察设计工作，需要重点关注设计路由是否严格按照海域使用权证要求的范围，严禁超出。

在前期设计阶段，需要重点关注不同的基础型式“J”形管出口方向、弧度及离海床面的高度等，“J”形管设计可参考 DNV 规范做法。另外在海上升压站底层甲板海缆穿孔上方考虑设计吊耳，在海缆登陆海上升压站时方便采用葫芦拉力器拉拽。

在设计风机基础图纸时充分借鉴有丰富施工经验的海缆施工方的意见，优化基础内平台与海缆有交涉的部分，尽可能方便高效地完成敷设施工；在基础施工设计文件里明确需提前预留好牵引钢丝绳，方便后续敷设施工。

3.3.4.2 海缆敷设施工

（1）海缆保护

三峡阳江沙扒海上风电场工程使用海缆大截面 220kV 三芯统包光电复合电缆，施工时需注意电缆的牵引力、侧压力不能大于电缆的允许值，两端登陆及海上施工时需保证电缆的弯曲半径不小于 $20D$。同时需注意海缆退扭时的应力释放，以免产生应力释放不及时而造成海缆外铠装变形从而对海缆造成损伤。

1）主施工船配备电动电缆托盘，增强船舶稳定性及大截面电缆退扭质量。在原有导缆架的基础上，将过渡滑轮半径增大，转角处两侧加侧滑轮，减少电缆的摩擦，减轻电缆的侧向受力情况。登陆时沿途设置牵引机，统一指挥，使牵引时电缆受力均匀，控制最大牵引力，最小允许弯曲半径控制在 20 倍海缆外径（5.52m）以上。施工期间利用光时域反射仪（OTDR）实时监测复合光缆衰减，间接了解海缆敷设状态，发现铠装有鼓包迹象，立即停止进行处理，保证电缆的施工质量。

2）施工船至岸上段牵引控制。海缆从施工船至岸上通过轮胎（浮桶）漂浮减轻海缆牵引阻力，由卷扬机将海缆牵引至岸上，卷扬机上的钢缆通过牵引网套及防扭器连接牵引海缆；本项目 220kV 海缆允许的最大牵引力约为 280kN，配套的牵引网套的最大承受牵引力小于 200kN，可通过牵引网套保护海缆。

3）海上施工弯曲半径控制。施工船的海缆入水甲板处设置弯曲半径控制板，确保海缆入水角度不小于45°；海缆入水处装设导缆笼设备，防止其在入水至海床中间发生电缆打扭现象，确保海缆弯曲半径控制在20*D*以上。

（2）海况预警

三峡阳江沙扒海上风电场工程主缆敷设工程施工周期长，海上气候多变，施工海域属于风浪区，给施工带来了较大的压力。

1）根据当地气象局发布的气象情况，每天有针对性地将施工海域的气象信息和后一阶段的气象分析报告以传真或短信的方式通知到每个项目组成员，为后续的海缆施工组织安排提供技术依据。秋冬季海上施工期间风浪大、恶劣天气较多，要及时跟踪气象信息。

2）编制切实有效的防风防台风等应急预案，根据实际情况按应急预案执行，确保海缆施工安全。

（3）船舶管理

三峡阳江沙扒海上风电场工程主海缆设计路由附近渔业养殖较多，且海上风电场现场施工船机多，交叉作业频繁，对施工抛锚定位及施工作业安全管理提出了更高的要求。

1）施工前进行现场详细勘察，对路由区域需政策处理部分及时做好标识的工作，通力合作完成养殖清理工作，确保按进度进行海缆施工。为保证定位的精确性，本项目施工时在原有二套DGPS定位仪的基础上，又增加了两套高精度的DGPS定位仪（加拿大产的V113，精度可达到0.6m）。施工前，在导航监测软件上标明各关键点，施工期间派专人密切注视控制点，将路由敷设误差严格控制在规定范围内。

2）对已完成的海缆路由轨迹及时报送海上风电场各施工单位，并做好与其他风机施工单位作业距离近且风险较大部位的海缆现场标识工作，以免交叉作业造成已完成敷设海缆的二次破坏。

（4）登陆电缆保护

在电缆登陆海上升压站平台及风机基础过程中，避免电缆受力过折、破坏电缆本身结构是电缆牵拉施工的重点和难点。电缆弯曲限制器精确定位及水下调整安装，也为施工的难点。

1）弯曲限制器需提前安装在电缆上，随电缆牵拉到电缆护管安装位置。要精确计算登平台电缆长度及护管段长度，以此确定弯曲限制器安装位置。

2）电缆敷设张力监测与调整。电缆敷设过程中通过电缆敷设系统中的牵引机拉力检测系统实时检测电缆张力情况，调整绞锚速度及牵引机放缆速度来调整电缆的张力。

（5）施工组织

在海缆敷设施工前，提前组建专业素质高的施工团队，保持完善的人员管理结构，保证项目施工管理有序，避免因人的因素导致整体进度滞后。做好组织策划及工艺优化，最大程度提高施工效率。

1）做好施工组织，整体筹划施工资源。分析施工船机的施工效率，结合海上风电场整体建设计划，考虑海况窗口期，确定需要配备多少施工资源。不能完全听任敷设施工方话语，要有自己的判断，对于施工方承诺进场的敷设船要多方打听，反复确认，确保能按计划进场。

2）提前组织监理、基础施工方、海缆施工方做好交面接验收工作。针对影响海缆敷设的缺陷，比如基础“J”形管问题、基础内平台积水问题、海缆引上支架问题、抱箍问题等，提前开展消缺。

3）由于海缆施工是靠后工序，要求风机基础施工及风机吊装尽可能按片区和回路进行。为后期海缆敷设提供良好的工作面，可从海上升压站往尾端这个原则，以免敷设完的海缆风机不能及时送电。

4）海缆敷设尽量“边敷边埋”，避免采用“先敷后冲埋”工艺，后续埋深工序很难达到设计要求，而且离风机100m内埋深很难操作，对海缆后期的安全运行埋下隐患。

5）采用适合的新技术设备。针对自身敷设海缆经验会自主研发改进海缆敷设所使用的设备，如海缆施工单位敷设220kV海缆使用的保护套管半自动装置；敷设220kV海缆在本项目需要持续施工长达10～15d的时间，而人工安装保护套管也是施工过程中比较耗时的工序，因此采用该半自动化设备可有效缩减海缆敷设时间，提高施工效率。

另外，鉴于在沙扒海上风电场海缆被施工船、渔船等锚害损坏案例较多，在海缆招投标、合同签订阶段应明确约定海缆抢修服务；尽可能带抢修常用备件的单价进行投标，承诺抢修服务须按照电网电力设施抢修速度执行，并在项目所在地配备抢修队伍，配备专业工具及常用备件，出现故障时能第一时间进行光缆、绝缘等检测，及时找到故障点并及时抢修处理，恢复发电。

3.4 海上升压站建造安装

3.4.1 海上升压站基本情况

三峡阳江沙扒一期海上风电项目海上升压站容量400MW，上部组块的平面轴线尺寸约为42.00m×39.00m，总重量约2692t。四层甲板分三层布置：一层层高6.0m，布置事故油罐、水泵房、柴油箱房及避难室等；同时一层也作为电缆层，35kV和220kV海缆通过“J”形管穿过本层甲板，然后采用电缆桥架敷设。二层层高5.0m，中间布置主变压器，两台主变压器分两个房间布置，散热器室在外布置；主变压器室一侧布置GIS室、柴油机房、低压配电室、应急配电室，另一侧布置40.5kV SF_6气体绝缘金属封闭式开关柜。二层室外布置走道、吊装平台和空调室外机平台，走道宽1.5m。三层层高5.0m，二层中间为主变压器上空区域，主变压器室一侧为GIS室上空区域，并布置暖通用房、柴油机房、蓄电池室、通信继电保护室等。屋顶层布置避雷针、5t吊机、设备检修孔、通信天线设备、直升悬停区域和气象站设备等。

三峡阳江沙扒二期海上风电项目海上升压站容量400MW，跟三峡阳江沙扒一期海上风电项目海上升压站类似，上部组块的平面轴线尺寸约为41.2m×41.00m，四层甲板分三层布置，总重量约2972t。一层层高6.0m，二层层高5.0m，三层层高5.0m，其基本布置与三峡阳江沙扒一期海上风电项目海上升压站类似。

三峡阳江沙扒三期、四期、五期海上风电项目海上升压站总容量900MW，布置在四期海上风电场内。把三期A1区、四期、五期三个海上风电场的风机发出的电能汇总到一个海上升压站进行升压后送出，体现了集中连片开发理念，也为后续三峡集团集中连片开发海上风电提供了技术支持。上部主平台组块采用整体式，上部组块分为四层甲板且分三层布置，尺寸 53m×41m×17m，总重量约 4200t，是当时最大的海上升压站。一层高程+20m，层高 7m，主要布置有事故油罐、调试柴油发电机室、备品备件间、细水喷雾泵房、储藏室（一层夹层布置避难室、柴油罐室等）；二层高程+27m，层高 5m，是主要设备层，布置有 3 台主变压器、35kV 开关柜室、蓄电池室、继电保护室、站用配电屏室、应急配电屏室等；三层高程+32m，层高 5m，主要布置接地变压器室、GIS 室、柴油发电机室及储罐、通风机房等。顶层高程+37m，主要布置通风机系统外机、悬臂吊机、直升机悬停平台、避雷针、各类天线及主变压器室、GIS 室，柴油发电机检修可开启屋盖。三峡阳江沙扒三期、四期、五期海上风电项目海上升压站现场实拍如图 3-80 所示。

图 3-80 三峡阳江沙扒三期、四期、五期海上风电项目海上升压站

三峡阳江沙扒一期、二期海上风电项目海上升压站均由广东院总体设计，由中石化胜利油建工程有限公司（以下简称“胜利油建”）负责上部组块的建造工作（包括上部组块钢结构、附属设施的材料采购、加工制作、舾装、暖通、消防及海上整体运输、安装等），中国能源建设集团广东火电工程有限公司（以下简称“广东火电”）负责上部组块的电气安装及调试工作（包括海陆联调）等；三峡阳江沙扒三期、四期、五期海上风电项目海上升压站由上海院设计，由振华重工负责上部组块的建造工作（包括上部组块钢结构、附属设施的材料采购、加工制作、舾装、暖通、消防及海上整体运输、安装等），广东火电负责上部组块的电气安装及调试工作（包括海陆联调）等。各单位发挥各自专业强项，强强联合，提高了安装整体效率，从而大大缩短了整个海上升压站建设周期。

3.4.2 海上升压站建造

海上升压站上部模块整体建造流程大致可分为：分段制作、外场大合拢、设备安装调试等流程。

根据工程特点，结合施工场地及机具，海上升压站钢结构总装建造遵循“分片预制、从下往上，由里及外”原则[14]。上部组块陆地建造采用分段预制，整体吊装的方法，尽量加大地面预制深度，减少高空作业量；同时各层甲板片上的相关设备待甲板片吊装完成后进行就位安装，消防给排水、舾装、暖通、防腐等系统全部在陆地完成施工，并完成单机调试、电气试验和站内联调，减少海上工作量。

海上升压站上部组块一般有四层，每层分若干个分段。各层分段先用模块车运至龙门吊下方，在龙门吊下起吊、就位，然后每一层分片合拢口对接组对、水平精度控制、合拢缝焊接，每一整层合拢完成后，各层设备吊装就位（包括主变压器、GIS、中低压柜、二次屏柜、接地变压器、柴油发电机、暖通设备、消防设备、附属设备等），设备就位后电缆敷设、接线、调试等。在每层合拢后分区域进行内装、暖通、电气、消防等各专业的交叉施工，敷设电缆接线及调试等工作。

海上升压站上部组块各分段制作工艺，可借鉴造船经验，从传统的分段正造法优化成反造法，减少大量的仰焊工作，不仅保证了焊接质量，更重要的是缩短了分段制作周期；同时在界面划分时，借鉴三峡阳江沙扒一期海上风电项目海上升压站支吊架施工进度慢的经验，将海上升压站电气支吊架生根件焊接工作分包给建造单位，直接在车间分段制作时焊接上去，仰焊变成平焊，而且减少高空作业，后续电气安装单位直接用螺栓连接支吊架即可，提高了电气安装整体效率，从而大大缩短了整个海上升压站建设周期。

海上升压站上部组块建造现场照片如图 3-81～图 3-84 所示。

（a）

（b）

图 3-81　上部组块分段车间预制

（a）在车间预制时测量；（b）在车间预制完成

（a）

（b）

图 3-82　上部组块外场分段吊装及合拢

（a）在外场分段吊装；（b）在外场进行合拢

（a）　　　　　　　　　　　　（b）

图 3-83　上部组块主结构封顶

（a）主结构进行封顶；（b）主结构封顶完成

（a）　　　　　　　　　　　　（b）

图 3-84　上部组块出厂验收

（a）出厂；（b）验收

3.4.3　海上升压站安装

海上升压站上部组块结构类同于海上石油类钻井平台上部组块结构，因此海上升压站上部组块结构参考成熟的钻井平台上部组块结构的施工方案进行考虑；一般都在结构厂现场整体建造完毕后，运输到海上现场进行一次性吊装。

海上升压站上部组块一般采用轨道滑移方式或者自行式模块运输车（SPMT）进行整体装船工作，装船过程中，需要不断对驳船进行调载，使驳船顶面与滑道处于同一高度上。海上升压站上部组块装船固定后，上部组块四根立柱的上端和下端，需要安装 4+4 组加速度传感器、4+4 组倾角仪，监测和记录运输和安装全过程的竖向和水平向加速度、横向和纵向倾角值。海上升压站运输的全过程中，要求船舶运输升沉加速度不超过 0.2g，横摇不超过 20°，纵摇不超过 10°。

目前已投产的海上升压站上部组块总重量约在 2700～4200t 之间，一般采用万吨级大型运输船，并采用大型浮吊船进行吊装作业。目前全国海上升压站上部组块建造厂大多数在江苏和山东，根据项目所在地提前规划航行方案，提前与沿途各个避风锚地的主管部门充分沟通，遇到突发紧急情况方便第一时间去锚地避风。海上运输海上升压站上部组块按照距离和航速计算，规划好航行时间，考虑天气及海况影响，避开台风及其他恶劣天气。海上升压站上部组块安装前，需要对已完工的下部基础结构进行复测，核实下部基础的平面位置和相对高差是否符合安装精度要求，确保上部组块顺利安装。

针对无 DP 动力定位系统施工船，根据导管架位置，由配套拖轮协助起重船抛锚定位，抛锚后收紧锚缆，确保每口锚状态良好，如果有锚溜动，应重新抛锚。待起重船就位完毕后，运输船在两艘全回转拖轮的辅助下靠泊导管架。

运输船就位后，起重船绞锚向运输船移动，直至达到设计位置，将索具安装到起重船主钩上，同时拆除海上升压站上部组块部分绑扎（解除全部绑扎的 2/3）。为防止海上升压站上部组块在起吊、就位时摆动，在上部组块与浮吊吊机间安装 2 根牵引钢丝绳，绑扎件切割完成后，继续起升主钩至上部组块高出临时桩靴桩顶 30cm 时停止起升，观察 10min，确保浮吊、索具没有问题后继续起升主钩。

待海上升压站上部组块插尖底部高出临时桩靴桩顶约 3m 后，停止起钩。起重船通过绞锚及松锚，使其离开运输船 150m 的距离，并解除起重船船首与运输船间钢缆；在拖轮辅助下，运输船迅速撤离吊装区域，在吊装区外抛锚待命。

起重船移动到预定位置后，起重船停止进船；待海上升压站上部平台平稳后，起重船通过绞动锚缆将上部平台各桩腿与导管架内的桩管对齐，主钩同时缓慢落钩，逐渐将上部组块就位于导管架桩顶上；上部组块就位后，对上部组块与下部桩管连接点进行焊接固定。

针对带 DP 动力定位系统的施工船，三峡阳江沙扒三期、四期、五期海上风电项目海上升压站采用“振华 30”浮吊进行吊装，为双吊机全回转起重船，最大起重能力双钩 12 000t。辅助船舶为 1 艘 3000 匹以上抛锚艇、1 艘 5000 匹以上辅助拖轮，吊装工具详见表 3-6。

表 3-6　海上升压站上部组块吊装工具

序号	名　称	规　格	单　位	数　量	备　注
1	900t 高强环型吊带	50m	件	4	吊装
2	1100t 高强环型吊带	50m	件	4	吊装
3	1000t 卸扣	BK1000t	件	16	吊装
4	1500t 卸扣	BK1500t	件	4	吊装
5	2500t 吊梁	—	件	2	吊装

吊装前测量人员需在 12 000t 浮吊进场前一周进行浮吊进场航线的规划，方便浮吊进场后的抛锚、起锚作业。运输船舶进场前对所涉及的锚点及停船位置海域的水深等进行复测。运输船需在起重船就位前先将海上升压站上部结构定位至海上升压站起吊机位。海上升压站吊装时，运输船沿船长方向顺流布置，“振华 30”顶靠运输船一侧，海上升压站导

管架在运输船另一侧。

浮吊船先在码头或者锚地按照设计图纸完成海上升压站模块吊装索具吊梁的组装，然后航行至模块安装施工海域。运输模块的运输船先在海上升压站附近指定位置海域抛锚就位，“振华 30”以 DP 定位靠近运输船侧，将吊重索具与模块连接，然后起吊模块，浮吊船移船安装模块。

起重船航行至离海上升压站模块安装位置附近 500m 位置后，起重船解拖，DP 定位就位进入起吊位置。起重船开启 DP 定位就位好，运输船提前到达起重船船首附近抛锚就位；模块起吊后，运输驳船起锚离开，浮吊船重新 DP 定位调整就位，移船安装模块。

海上升压站上部组块海上安装前，上部组块安装施工单位应对已完成施工的下部结构进行复测，确保导管架的平面位置和相对高差符合安装要求。

海上升压站起吊后，由浮吊指挥船长指挥浮吊移位，港作拖船协助浮吊移位，使海上升压站处于导管架基础桩的正上方，然后浮吊缓慢将海上升压站放置于基础桩上，海上升压站就位。

鉴于海上升压站上部组块重量大，且受海上风浪流及涌浪等环境影响，起吊后应进行吊装观察。要求吊装时上部组块四根立柱底部的水平和竖向加速度不得大于 0.2g；吊装时水平和竖向加速度应实时监测，加速度超过 0.2g 时停止相关吊装工作。另外由于海上吊具与海上升压站的安装操作要求，涌浪不得大于 0.8m，以便尽量减小浮吊和运输船的升沉运动，影响索具安装。

起吊前拆除海上升压站上部组块运输时焊接的所有绑扎工装，确认所有工装全部拆除后，慢慢起升 12 000t 浮吊起重机主钩头，缓缓抬起上部组块。上部组块离开运输船后，12 000t 起重船通过起升调节臂架仰角将上部组块吊装至导管架上方；然后主钩头缓缓下降，上部模块降至距离导管架上方 1～2m 时停下；通过浪风绳进行微调定位，使上部组块下方四根立柱对准基础桩插入。四根立柱定位，确认无误后，缓缓降下钩头，四根立柱准确进入基础桩内，如图 3-85、图 3-86 所示。

图 3-85　上部组块海上整体吊装

海上升压站上部组件起吊到位后，进行上部组块立柱顶端水平度的测量；验收合格后，方可对与基础桩连接位置按要求进行焊接，并做好油漆、防腐工作。上部组块与基础

图 3-86　上部组块与导管架基础对接

桩连接位置焊接工作完成后，应按照施工图要求进行吊耳保护帽的安装工作并进行相关的验收工作。

3.4.4　海上升压站管理经验总结

3.4.4.1　前期招标、设计

在招标前，提前做好市场调研，对潜在承包商进行充分调研：一是调研在行业内的口碑、建造场地资源配置、资金能力等；二是调研承包人现场管理的组织机构，管理层级是否过多，是否有利于现场管理及协调，避免由于组织机构问题影响项目推进。在招标前，提前策划好分标界面，把一些容易出现纠纷的界面提前在合同里约定清楚。

在设计阶段，选择经验丰富的设计院，设计院各专业间的会签工作落到实处，避免后期出现很多各专业间碰撞问题。同时在设计阶段完成基本的建模工作，并做三维碰撞分析，尽可能减少现场建造时碰撞返工现象。

3.4.4.2　海上升压站建造及安装

海上升压站建造过程中涉及专业多、焊接工作量大、空间狭小、交叉作业多、工期紧，对现场的协调及管理挑战很大。根据项目的特点，认真分析本项目施工中的重点和难点，并作为关键工序制定相应对策，在规定的工期内，进行有效、合理的施工组织，确保工期目标的实现。结合建设场地平面布置，适当匹配材料、劳动力、机械的投入，同时按进度控制计划目标及各分解控制目标，统筹组织，相对独立又相互联系、相互协调，平行施工；从实际情况出发，采用科学的组织管理模式，遵循施工规律，合理安排施工顺序，经济有效地组织物资、材料，使工程均衡连续进行，从而提高工程质量，提高建造效率，缩短工期。

海上升压站上部组块海上运输及安装过程受海况影响较大，大体积且超重，在海况恶劣时，主要存在以下几大难题。

（1）第一大难题是怎么确保电气设备安全、不受损伤。由于海上升压站上部组块大多电气设备精密度高，对组块的各类振动及加速度要求较高，运输及安装过程中对船舶的稳性要求高，需要确保船舶的横摇纵摇控制在电气设备的可接受范围内，选择合适的窗口

期。2020 年 12 月，本项目三峡阳江沙扒三期、四期、五期海上风电项目海上升压站在由于海况差，在“振华 30”吊装前，“澳海神州”运输船受涌浪影响大，上部组块晃动大导致主变压器等设备受损，最终在海上更换受损设备，造成一定经济损失的同时也影响了工期。

（2）第二大难题是浮吊的主钩挂钩难，可考虑根据主钩和吊耳的型式提前制作辅助工装。2020 年 12 月，本项目三峡阳江沙扒二期海上风电项目海上升压站在采用“创力”吊装时，第一次吊装由于挂钩难未成功，第二次吊装通过辅助工装，顺利完成挂钩完成吊装。

（3）第三大难题是最后一步的吊装就位难，插尖对准导管架立柱口，落位可能存在困难。本项目三峡阳江沙扒一期和三期、四期、五期海上风电项目海上升压站吊装时均出现过吊装就位困难。例如，2019 年 8 月 21 日，三峡阳江沙扒一期海上风电项目海上升压站存在吊装就位困难，经过现场技术团队找出原因，并及时解决，最终安全地完成吊装；2020 年 12 月，三峡阳江沙扒三期、四期、五期海上风电项目海上升压站也存在吊装就位困难，通过缆风绳及现场管理人员果断的决策，最终成功地完成吊装。

海上升压站结构复杂、涉及专业多并且规模与重量大。随着海上风电往更深更远的海域发展，海上升压站会越来越大，对船机设备的要求也越来越高，大型船舶档期紧张，船机资源可替代性较差，需提前调研、提前锁定，方能确保建设目标的实现。

第4章

中国首台漂浮式海上风电试验样机——“三峡引领号”

我国沿海省份周边海域的水深普遍较浅，即使海上风电场区离岸达到 70km，水深仍不大于 50m，使用传统的固定式基础仍具有较高效益。在海上风电向深远海发展的背景下，当水深达到 50m 以上，需要考虑固定式基础成本激增甚至不再适用的情况；漂浮式风机作为适应海上风电深海开发的基础型式，也作为最具挑战性的技术代表，一直是各家海上风电开发企业的综合实力竞技高地。

漂浮式风机对风电机组要求较高，尤其对机头的加速度控制比较严格，因此平台与锚固系统的设计难度较大。漂浮式基础型式主要包含单立柱式、张力腿式、驳船式结构和半潜式平台，其中以半潜式平台基础设计相对较为成熟，是目前全世界范围内漂浮式风机基础研究和投入最多的类型。半潜式平台由大型立柱（浮筒）构件组成，浮筒间距往往比较大，立柱较大的水线面积可以提供较高稳定性，运输和安装难度相对较小。

2021 年 12 月 7 日，由三峡集团自主研发的国内首台漂浮式海上风电试验样机——“三峡引领号”在三峡阳江沙扒海上风电场成功并网发电，一举填补了国内海上风电漂浮式风机领域的空白，促进了我国海上风电高端装备制造升级，也标志着我国漂浮式海上风电机组自主研发、制造、安装及运营能力快速与国际接轨。

4.1 “三峡引领号”基本情况

全球首台 5.5MW 抗台风型漂浮式海上风电机组“三峡引领号”轮毂中心高度距海平面约 107m，相当于近 37 层居民楼的高度；叶轮直径 158m，相当于 3 架波音 747 并排的宽度；风轮扫风面积相当于 3 个标准足球场；基础平台和风电机组根据 50 年一遇的极端风浪流工况设计，漂浮平台排水量约 13 000t，与一艘万吨级巨轮的排水量相当；叶片转动 1h，满发 5500kW · h，可供一个三口之家使用两年。

“三峡引领号”（见图 4-1）采用三根方形立柱，平台构型为等边三角形，通过上部和下部撑杆连接，风电机组塔架立于其中一根立柱上，立柱下端设有垂荡板结构。“三峡引领号”地处恶劣环境场区，台风频发且经常正面登陆，极端风速可达到 70m/s，在复杂多变的恶劣环境中漂浮式平台的稳定性、耐波性，以及风机的可靠性、发电效率对漂浮式海上风力发电机组系统提出了极高的要求。“三峡引领号”在设计之初就植入了抗台风基因，将台风资源特征工况充分融入设计当中，机舱及塔筒设计考虑了减阻减振设计并配置了新型抗台风控制策略，支撑结构采用与风电机组协调设计的方法，可抵御 17 级台风。

同时“三峡引领号”所在海域水深较浅，对于系泊系统的设计要求极高，“三峡引领号”采用了“3×3”共9根、呈120°夹角布置的系泊设计方案，成功满足强台风标准，也确保了基础平台在设计运动响应范围之内。

图 4-1　漂浮式风机“三峡引领号”

4.2　“三峡引领号”基础平台及吸力锚建造

4.2.1　基础平台建造

“三峡引领号”基础平台采用三立柱半潜平台结构，由底部浮筒、立柱、上层甲板及横撑组成，如图 4-2 所示，主要参数见表 4-1。

表 4-1　基础平台主要参数

参　　数	型 号 规 格
总长（m）	约 80
型宽（m）	约 90
型深（m）	约 30
空船吃水（m）	约 3
设计吃水（m）	约 14
设计吃水排水量（t）	约 13 000
重量（t）	约 5500

平台建造以钢结构制造为主线。由于结构重量大、分段尺寸大，为方便“三峡引领号”材料顺利流转，在充分调研沿海主要钢结构厂加工制造特点的基础上，决定采用模块化建造，最终在惠生清洁能源科技集团股份有限公司（以下简称“惠生清洁能源”）南通基地完成各分段模块的建造，船运至惠生清洁能源舟山基地进行总组合拢，以及下水工作，平台建造流程如图 4-3 所示。

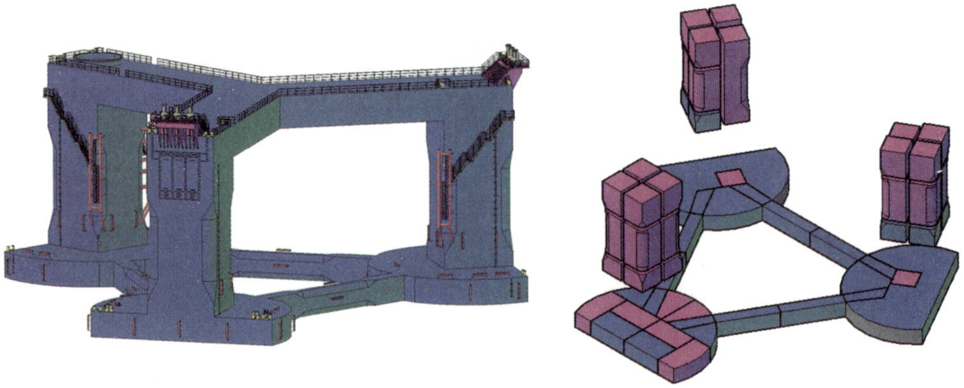

（a）　　　　　　　　　　　　（b）

图 4-2　基础平台结构及舱室分布示意

（a）基础平台结构；（b）舱室分布

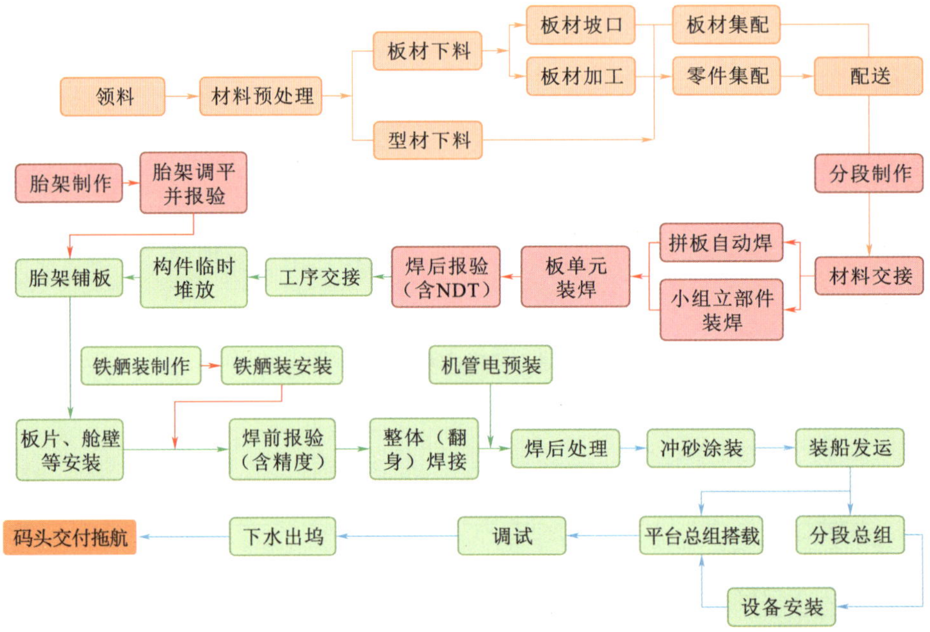

图 4-3　基础平台建造流程

4.2.1.1　基础平台分段建造

基础平台分为浮筒、横撑、立柱、甲板四个部分，共划分 31 个分段，下面详细介绍各部分的分段建造。

1. 浮筒分段建造

三个浮筒均在惠生清洁能源南通基地进行建造。单个浮筒分成四个分段，使用 200t 龙门吊吊装下胎，轴线车转运至喷涂车间进行喷涂作业，利用驳船将浮筒分段分批运至惠生清洁能源舟山基地码头，利用 800t 履带吊配合 800t 龙门吊进行卸船及合拢作业。

浮筒划分为四个分段，均为平直分段，采取平胎正造，以 1 号浮筒分段为例介绍浮筒建造流程。

（1）胎架制作

在 200t 龙门吊东侧场地布置胎架支柱，每根支柱与地面采用地筋焊接，若无地筋则加设膨胀螺栓封固，立柱间距约 1m、高度约 1m，调整好胎面所有立柱水平度，确保偏差控制在±2mm 以内。

（2）地面画线

在地面标记出各分段胎架中心线、对角线、外轮廓线及高度检验线以便建造过程中定位及精度测量。

（3）分段建造

零件切割：数控切割、画线、开坡口、弧形壁板压型。

组立预制：在大车间拼装内底板、外底板平面板架、内部纵横平面板架、垂向外壁板板架、弧形壁板板架等，预舾装作业同步进行。

大组预制：外底板平面板架上胎定位封固→安装纵横平面板架→安装垂向外壁板板架→安装弧形壁板板架→安装内底板板架，做好网络检验线，焊前焊后精度测量，合格后方可焊接及下胎，数据存档。

（4）重载滑道合拢

在重载滑道地面标记出浮筒中心线、立柱位置检验线、肋位标记及高度检验线等，以便建造过程中定位及精度测量。

参照布墩图布置坞墩位置，利用 800t 龙门吊依次定位安装浮筒的四个分段，如图 4-4 所示。

图 4-4 浮筒建造

2. 横撑分段建造

三个横撑分段均在惠生清洁能源南通基地 250t 场地东侧进行建造，使用 250t 门机吊装下胎，盘车转运至喷涂车间进行喷涂作业，利用驳船将分段分批运至惠生清洁能源舟山基地码头，利用 800t 履带吊配合 800t 龙门吊进行卸船及合拢作业。

横撑均为平直分段，采取平胎正造，以 1 号横撑分段 XC11S 为例介绍建造流程。

（1）胎架制作

在 250t 门机场地布置胎架支柱，每根支柱与地面采用地筋焊接，若无地筋则加设膨胀螺栓封固，立柱间距约 1m、高度约 1m，调整好胎面所有立柱水平度，确保偏差控制在 ±2mm 以内。

（2）地面画线

在地面标记出各分段胎架中心线、对角线、外轮廓线及高度检验线以便建造过程中定位及精度测量。

（3）分段建造

零件切割：数控切割、画线、开坡口、弧形壁板压型。

组立预制：在大车间拼装内底板、外底板平面板架、内部纵横平面板架、垂向外壁板板架等，预舾装作业同步进行。

大组预制：外底板平面板架上胎定位封固→安装内部纵横平面板架→安装垂向外壁板板架→安装内底板板架，预舾装作业同步进行，焊前焊后精度测量，合格后方可焊接及下胎，数据存档。

3. 立柱分段建造

单根立柱共分成三个分段，三根立柱沿中纵剖分为两个中组立，均在惠生清洁能源南通基地建造，使用 200t 龙门吊吊装下胎，盘车转运至喷涂车间进行喷涂作业，喷涂完工后两个中组立进行大组，再利用驳船将分段分批运至惠生清洁能源舟山基地码头，利用 800t 履带吊配合 800t 龙门吊进行卸船及合拢作业。

以 1 号立柱分段为例介绍建造流程，1 号立柱划分为 LZ11C、LZ12C、LZ13C 三个分段，三个分段沿中纵剖分为两个中组立，所有中组立均采取平胎侧造，流程如下。

（1）胎架制作

在 200t 龙门吊场地布置胎架支柱，每根支柱与地面采用地筋焊接，若无地筋则加设膨胀螺栓封固，立柱间距约 1m、高度约 1m，调整好胎面所有立柱水平度，确保偏差控制在±2mm 以内。

（2）地面画线

在地面标记出各分段胎架中心线、对角线、外轮廓线及高度检验线以便建造过程中定位及精度测量。

（3）中组立建造

零件切割：数控切割、画线、开坡口、弧形壁板压型。

组立预制：在大车间拼装外壁板板架、内部水平桁板架等，预舾装作业同步进行。

中组立预制：单侧外壁板板架上胎定位封固→安装内部水平桁板架→安装垂向外壁板板架，做好网络检验线，焊前焊后精度测量，合格后方可焊接及下胎，数据存档。

（4）大组作业

两个中组立建造结束后分别进行喷涂，完工后将两个总组立在水平胎面进行侧向大组，如图 4–5 所示。

4. 甲板分段建造

甲板总共划分成七个分段，均在惠生清洁能源南通基地进行建造，使用 250t 门机吊

图 4-5 大组作业

装下胎，盘车转运至喷涂车间进行喷涂作业，利用驳船将分段分批运至惠生清洁能源舟山基地码头，利用 800t 履带吊配合 800t 龙门吊进行卸船，总组及合拢作业。

以 1 号甲板分段为例介绍建造流程，1 号甲板 JB11C、JB12C、JB3C 三个分段均为平直分段，采取平胎正造。

（1）胎架制作

在 250t 门机场地布置胎架支柱，每根支柱与地面采用地筋焊接，若无地筋则加设膨胀螺栓封固，立柱间距约 1m、高度约 1m，调整好胎面所有立柱水平度，确保偏差控制在 ±2mm 以内。

（2）地面画线

在地面标记出各分段胎架中心线、对角线、外轮廓线及高度检验线以便建造过程中定位及精度测量。

（3）分段建造

零件切割：数控切割、画线、开坡口、弧形壁板压型。

组立预制：在大车间拼装外底板板架、内底板板架、内部纵横板架、垂向外壁板板架等，预舾装作业同步进行。

大组预制：外底板板架上胎定位封固→安装内部纵横板架→安装垂向外壁板板架→安装内底板板架，做好网络检验线，焊前焊后精度测量，合格后方可焊接及下胎，数据存档。

（4）甲板总段总组及搭载

1 号甲板分成 JB11C、JB12C、JB13C 三个分段，与 2 号甲板两个分段 JB21S、JB22S 及 3 号甲板两个分段 JB21P、JB22P 组合成一个整体的甲板，如图 4-6 所示。

4.2.1.2 终组合拢

总组场地：惠生清洁能源舟山基地重载滑道，800t 龙门吊。

搭载合拢顺序：浮筒→立柱→横撑→甲板总段，如图 4-7 所示。

平台终组合拢顺序：1 号浮筒定位，吊装 1 号立柱下节，吊装 1 号立柱上节中组立；定位 1 号横撑，吊装 2 号浮筒和立柱，定位 2 号横撑；吊装 3 号浮筒和立柱，合拢 3 号横撑；吊装合拢甲板总段，如图 4-8 所示。

图 4-6　七个甲板段合拢为一个中组立

图 4-7　终组合拢

4.2.1.3　基础平台下水

（1）基础平台下水

基础平台下水需在三个浮筒底部放置适量的模块车，支撑起基础平台并沿重载滑道滚装至顺靠在码头的半潜驳船上。半潜驳船与码头之间沿运输路线预先搭设过桥，半潜驳船上提前放置适量的坞墩用于支撑基础平台。基础平台到位后落墩，并将基础平台临时固定在半潜驳船上。

使用拖轮将半潜驳船拖至指定下水区域，抛锚定位半潜驳船；随后半潜驳船按压载方案加压载水逐步下潜，基础平台漂浮后缓慢放松与半潜驳船的临时缆绳，直至基础平台底部与坞墩顶部距离达到 5m，再使用拖轮将基础平台拖至码头带缆，如图 4-9 所示。

（2）基础平台拖带靠泊码头

基础平台与半潜驳船分离后，通过 4 艘拖轮拖带，将其逆时针旋转 90°，使其 1 号立柱朝码头侧，再拖带至码头靠泊。当半潜驳船临近码头约 100m 时，提前从基础平台上引

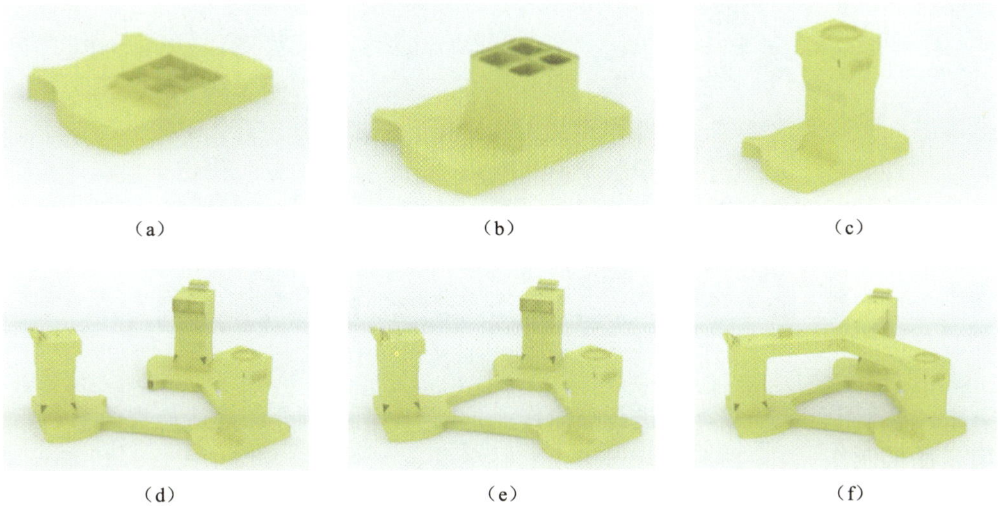

图 4-8 终组合拢顺序

(a) 1号浮筒定位；(b) 1号立柱下节合拢；(c) 1号浮筒，立柱合拢；
(d) 2号、3号浮筒，立柱合拢；(e) 3号横撑合拢；(f) 甲板段合拢

图 4-9 基础平台下水

(a) 基础平台滑移；(b) 基础平台上船

两根缆绳系泊在码头的缆桩上，利用码头上的系泊绞车把基础平台缓慢牵引至码头靠泊。

(3) 基础平台码头临时靠泊方案

基础平台靠泊码头的浮筒靠在码头边缘布置的靠船桩上。同时基础平台立柱上焊接 12 个 AN85 的眼板用于带缆，使用 12 根直径 65mm、破断拉力为 480kN 的尼龙绳，分别系泊在码头上 11 个缆桩上，最后使用临时安装在码头上的 4 台额定拉力为 10t 的系泊绞车实现收紧，如图 4-10 所示。

4.2.2 吸力锚建造

吸力锚划分为 M1-1、M1-2、M1-3、M2-1、M2-2、M2-3、M3-1、M3-2、M3-3 共 9 个筒体。所有筒体均在惠生清洁能源南通基地进行建造，使用 200t 龙门吊及 250t 门机

图 4-10 基础平台码头临时靠泊

吊装下胎，盘车转运至喷涂车间进行喷涂作业。以 M1-1 为例介绍建造流程如下。

（1）胎架制作

在 250t 门机场地布置胎架支柱，每根支柱与地面采用地筋焊接，若无地筋则加设膨胀螺栓封固，立柱间距约 1m、高度约 1m，调整好胎面所有立柱水平度，确保偏差控制在 ±2mm 以内。

（2）地面画线

在地面标记出各分段胎架中心线、对角线、外轮廓线及高度检验线以便建造过程中定位及精度测量。

（3）分段建造

零件预制：数控切割、画线、开坡口、弧形壁板压型等。

筒盖：在水平胎架上拼装筒盖顶板，安装“十”字“T”梁→安装“米”字“T”梁→安装环形“T”梁，如图 4-11 所示。

图 4-11 筒盖预制

上部筒节：筒盖建造结束后，将筒盖进行整体翻身后安装中肋板及外壁板。

下部筒节：制作圆弧形平面胎架，拼接圆弧外壁板，安装内部中肋板及眼板等结构，如图 4–12 所示。

图 4–12　下部筒节预制

大组预制：上部筒节预制完成翻身后提前进行喷涂，喷涂结束后吊至下部筒节上方进行大组作业，如图 4–13 所示。

图 4–13　M1–1 分段大组

4.3 “三峡引领号”施工工艺

“三峡引领号”施工包含吸力锚安装、系泊缆敷设、基础平台拖航、风机吊装、基础平台—风电机组一体化拖航及海上就位安装、动态海缆敷设等工序[15]。吸力锚制作完成后，需提前连接好上段系泊缆；吸力锚安装前需对沉放位置周边一定范围进行扫海，并采用全回转起重船“南天龙”作为主作业船完成吸力锚的沉贯施工。吸力锚安装完成后，紧接着进行钢丝绳的敷设作业；钢丝绳敷设完毕后进行预拉力试验；最后敷设配重段及上段锚链。

基础平台在惠生清洁能源南通基地预制完成后，利用驳船转运至惠生清洁能源舟山基地进行总组，总组完成后使用半潜船完成滑移下水作业。基础平台下水后，依靠大马力拖轮进行拖带及护航，拖带至广东茂名新港码头外围后解拖；随后采用一条主拖、两条6000hp 港拖辅助进港靠泊。

风机安装在广东茂名广港码头进行，采用 1250t 德马格 CC8800 型履带吊和 350t 利勃海尔 LR1350/1 型履带吊、80t 汽车吊共同完成组装。

风电机组吊装完成并预压载到位后，由一条主拖及三条辅助港拖将基础平台—风电机组一体化拖带至机位安装点进行就位安装，海上安装作业由全回转起重船“华天龙”和全回转起重船“南天龙”配合共同完成。“三峡引领号”海上定位安装完成后进行动态海缆的敷设。下面详细介绍各工序施工工艺。

4.3.1 吸力锚安装

4.3.1.1 预调查

在吸力锚施工前，采用多波束测深系统、声呐等设备对施工海域进行扫测。根据扫测结果绘制地形水深图，在吸力锚贯入前需要对海床表面吸泥方量进行校核。

4.3.1.2 扫测参数及结果

扫测范围：吸力锚半径 30m 范围，系泊缆两侧各 60m 范围，如图 4-14 所示。

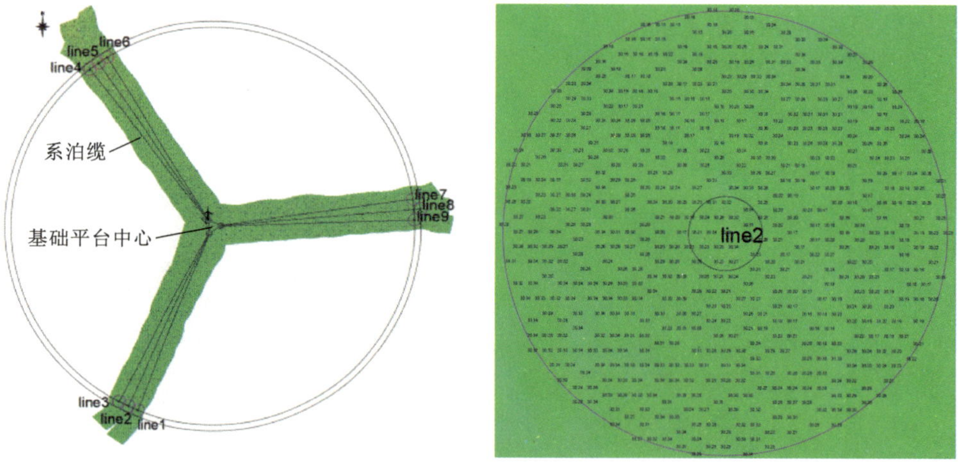

（a）　　　　（b）

图 4-14　扫测范围示意

（a）系泊缆扫测范围；（b）吸力锚扫测范围

扫测结果：吸力锚安装点 30m 范围海床高差在 20cm 范围内。

扫测结论：满足安装吸力锚条件，无须进行挖泥作业。

4.3.1.3 装船运输

吸力锚倒扣在甲板上，筒口与甲板之间设置 10cm 垫木，另外准备一定数量的楔形木，防止垫木接触面不平整造成的坐墩不稳。吸力锚坐墩稳定后，采用固定三角板进行加固作业，三角板同甲板面焊接。吸力锚在出运前预先连接好下段系泊链，采用岸端吊机进行吸力锚装船，如图 4–15 所示。采用 5000t 级自航式运输船"鑫龙平"和"盛洲 8"，共计两个航次完成运输。

图 4–15　吸力锚下段锚缆预连接

4.3.1.4　吸力锚安装

采用全回转起重船"南天龙"进行吸力锚安装，每个锚位安装 3 个吸力锚。主要步骤有以下几个方面。

1）从运输船上起吊吸力锚，将吸力锚吊至运输船靠泊的另一舷；泵系统安装后，通过移船确定吸力锚的位置，然后将吸力锚下放至安装位置。

2）吊钩下降，逐渐减少吊钩的吊力，吸力锚自重入泥。

3）待吸力锚自重入泥结束后，开启吸力泵抽水，吸力锚开始贯入。

4）贯入过程中应实时监测吸力锚的内外压差、贯入度、倾斜度、筒体完整状况、海床表面土压力等项目，并做好施工记录。

5）吸力锚入泥达到设计标高，停泵复核吸力锚的标高；如未达到要求开泵进行微调，直至吸力锚的标高满足要求，完成吸力锚的安装。

6）每个吸力锚安装完成后，通过旋转吊机敷设系泊缆下段，保障系泊缆不会堆积缠绕，下段系泊链敷设完毕后打标寄放。

7）吸力锚下沉调平施工完成后，应对吸力锚沉降和倾斜度进行持续观测，观测时间应不小于 1 周，直至吸力锚沉降稳定，方可进行预拉力试验等操作。若吸力锚顶水平度超出允许值，须及时采取措施调平，如图 4–16 所示。

图 4–16　吸力锚起吊安装

4.3.2　系泊缆敷设

4.3.2.1　钢丝绳敷设及拉力试验

采用"南天龙"进行钢丝绳敷设。"南天龙"抛锚就位后将下段锚链捡起并与钢丝绳连接；"南天龙"通过移船的方式敷设钢丝绳，敷完一个锚位行程后需进行移锚并继续敷设，如图 4–17 所示；敷设一根钢丝绳需移 2 次锚位，共完成 9 条系泊钢丝绳的敷设。敷设钢丝绳时钢丝绳卷筒需留尾加固，钢丝绳敷设完毕后需打标寄放；所有系泊钢丝绳敷设完成后，进行拉力试验，采用船上绞车及拉力计进行拉力试验，试验完成后利用定位设备记录钢丝绳接头位置。

图 4–17　系泊缆敷设

4.3.2.2　配重段及上段锚链敷设

拉力试验完成后，将钢丝绳连接至配重段锚链；配重块提前在生产基地安装到锚链上，然后整体装船发运至现场；由“南天龙”通过绞锚移船的方式，吊钩慢慢下放将配重段及上段锚链敷设至设计路由；上段锚链安装完成后连接临时钢丝绳并打标，如图 4–18 所示。

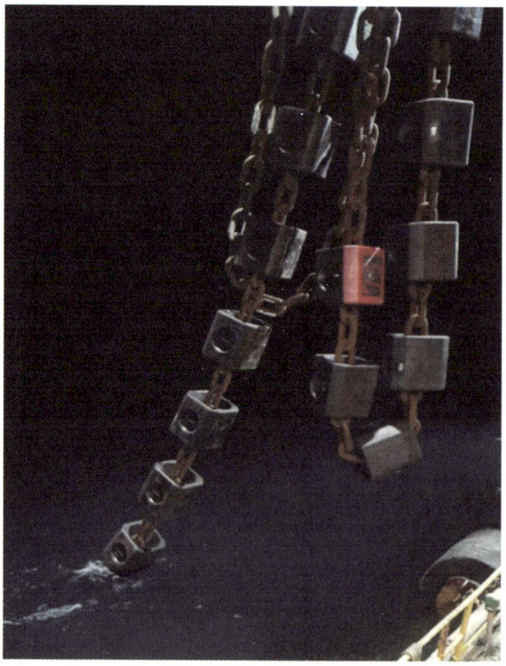

图 4–18　配重块段锚链敷设

4.3.3　基础平台拖航

综合考虑成本，以及途经我国台湾海峡的复杂海况，“三峡引领号”选用湿拖方式进行；采取大功率拖轮作主拖，三用工作船作为护航拖轮，从惠生清洁能源舟山基地拖至广东茂名广港码头，全程约 930n mile，拖航时间 12d，拖航吃水约 2.5m，现场拖航照片如图 4-19 所示。

图 4-19　基础平台拖航

4.3.4　风机安装

风机安装在广东茂名广港码头进行。基础平台在码头外围海域接拖后，由带 DP2 动力定位系统拖轮及 2 条港拖协助进港靠泊。

风机安装采用分体吊装的方式，即塔筒、主机、叶片、轮毂运输到码头泊位后，通过布置在码头上的 1250t 德马格 CC8800 型履带吊和 350t 利勃海尔 LR1350/1 型履带吊，分步骤将以上组件依次起吊至基础平台，并用高强度螺栓连接紧固。在吊装期间，需要同步调整基础平台的压载水，确保基础平台的平衡。吊装作业完成后，完成所有电气安装及最终验收，风机安装施工流程如图 4-20 所示，现场组装风机实物如图 4-21 所示。

4.3.5　基础平台—风电机组一体化拖航

采用大功率拖轮作为主拖，3 艘港拖作为辅助拖轮进行拖带；三用工作船清障，1 艘交通船作为交通支持。基础平台最大航速 1.8kn，最小航速 1.6kn，主拖最大拖力 64t，最小拖力 55t，“三峡引领号”按照设定的拖航路径抵达三峡阳江沙扒海上风电场设计机位，现场拖航照片如图 4-22 所示。

4.3.6　基础平台—风电机组一体化海上就位安装

基础平台—风电机组一体化拖航到位后，先进行临时系泊，带缆到施工船“南天龙”及“华天龙”上，通过绞缆的方式将“三峡引领号”逐步移动到指定安装位置。然后用“南天龙”连接风机侧锚链，再用“华天龙”将非风机侧锚链连接至止链器平台，并将系泊链抽拉到设计吨位，如图 4-23～图 4-25 所示。

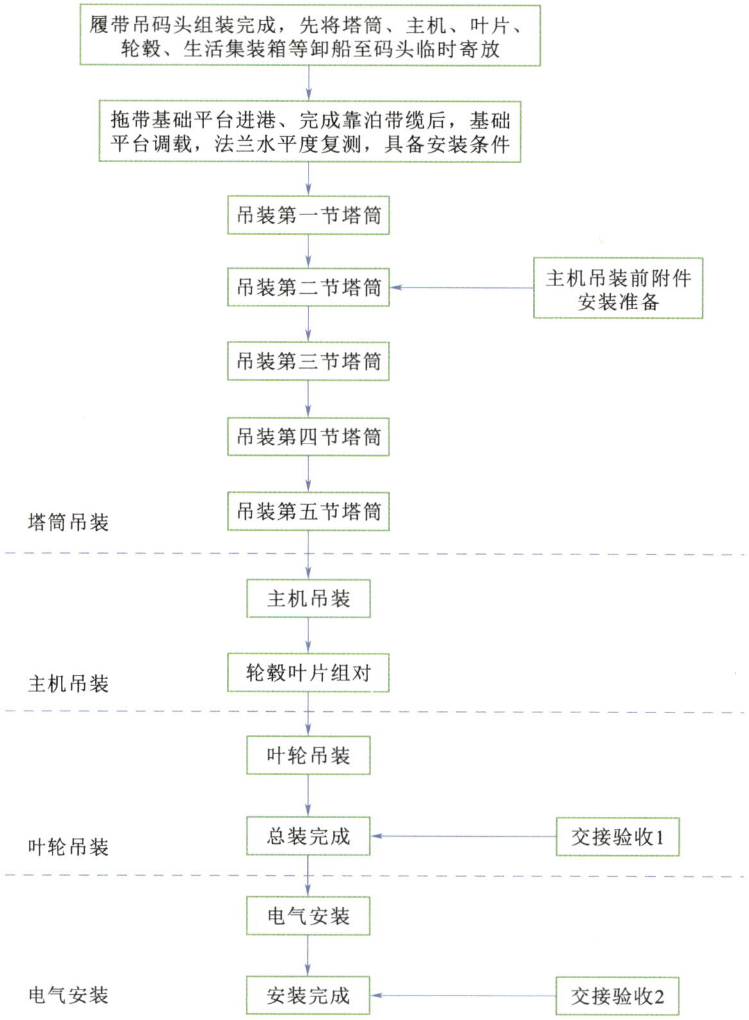

图 4-20　风机安装施工流程

图 4-21　基础平台组装风机实物

图 4-22 “三峡引领号”拖航

图 4-23 漂浮式风机临时系泊带缆

图 4-24 风机侧锚链连接

图 4-25　非风机侧锚链连接

4.3.7　动态海缆敷设

动态海缆敷设施工总体部署及主要施工程序。

（1）总体部署

“三峡引领号”动态海缆总长 1180m，是漂浮式风机与海上风电场连接，输送电能的“动脉”。动态海缆由“东方海工 01”从码头导缆装船，导入直径 25.5m 的旋转转盘，所有相关附件同动态海缆一同装运；总体敷设顺序为：从场址东南侧的漂浮式风机向集电线上 1 台固定式风机 T11 号敷设。

（2）主要施工程序

“东方海工 01”定位后动态海缆登陆“三峡引领号”，拉入空仓内的甲板后先进行锚固固定，登陆基础平台结束再转入下一阶段作业，等埋深段敷设结束再进行基础平台海缆上桥架作业；动态海缆埋深段采用高压水喷埋设机进行敷埋施工，敷、埋同步进行；T11 号固定式风机侧中心夹具及弯曲限制器在动态海缆全部入水后单独安装，动态段附件采用边敷设边安装的形式；动态海缆敷设到固定式风机侧后“东方海工 01”再抛四锚定位，进行登陆 T11 号固定式风机作业。现场施工详如图 4-26 所示。

抛定位锚作业期间，因海上风电场风机林立，“东方海工 01”全程备车 1 台主发动机；同时配备锚艇及拖轮定点抛锚警戒，以防损坏海上风电场内其余海缆。

4.3.8　施工经验总结

“三峡引领号”的建成投产从工程实践上填补了我国漂浮式风电领域的建设空白，其建设施工过程具有典型示范意义，三峡集团借此累积了大量宝贵经验，总结如下。

1）基础平台分段多，需开展工作面多，钢结构焊接量大，特别是立柱和斜撑区域天圆地方板的加工和制作难度比较大。吸力锚施工工艺中，因筒体下部设置眼板连接锚链，

图 4-26 动态海缆敷设施工

沉贯过程眼板及锚链易破开土层，导致海水引流进而出现渗透现象，后续商业化应用需对立柱和斜撑区域结构设计进行合理优化。

2）“三峡引领号”施工安装周期历时较长，拖航耗时 12d、动态海缆安装耗时 10d，应寻找一段海况良好的施工窗口期，确保符合工程对作业气候窗口的要求。针对阳江海域台风频发的环境，应制定专门的防台风措施。

3）“三峡引领号”动态海缆为国内厂家首次自主创新设计，应用水深较浅。其设计、施工阶段均顺利完成，但在台风或极端恶劣海况下，动态海缆可能会与基础平台产生干涉，导致动态海缆磨损甚至损坏，在更深海域应用场景下海缆损坏风险则较小。后续应开展基础平台—动态海缆一体化设计，研究不同水深应用场景下漂浮式风机整机安全、稳定运行的方案。

4）过程施工需进一步强化现场安全及质量检验管理意识、标准化及规范化施工工艺流程，加强漂浮式风电机组全产业链协同发展。

4.4 “三峡引领号”创新示范应用意义

全球首台抗台风型海上漂浮式风机——“三峡引领号”的海上风力发电系统装备均为国产自主研制，自主化率超过 95%，是目前全球范围内机位水深最浅、抗台风等级最高、所受风电机组载荷最大、设计难度最大的漂浮式海上风电平台结构，满足 50 年一遇的极端风浪流工况设计要求。项目团队在国内首创可定位至 0.01m 的高精度吸力锚，攻克了漂浮式机组适应性升级设计、漂浮平台及系泊系统总体设计、全耦合一体化计算分析，浅水系泊系统研发、浅水动态电缆系统设计、水池物理模型试验、大载荷强抗拉永久系泊单股钢丝绳研发、平台分段—总装式建造关键技术、漂浮式风电综合工程监测系统研发、风机码头静对动安装和动态调载技术、远距离跨海域拖航及大阻力高耸结构物一体化拖航关键技术、高精度小间距吸力锚安装技术、平台系泊系统回接高精度就位安装技术等众多关键技术和难题。相关成果位列“十三五”国家科技创新成就展高新技术展项、入选能源领域首台（套）重大技术装备项目名单。

“三峡引领号”的成功并网发电，标志着我国漂浮式风电样机技术领域真正实现了从

0 到 1 的重大突破，为国家打造漂浮式风电精品示范工程和引领产业链发展奠定了坚实基础，为我国漂浮式风电技术及商业化进程提供了宝贵的创新发展实践和建立了行业自信。也标志着我国在全球率先具备了大容量抗台风型漂浮式海上风电机组自主研发、制造、安装及运营的能力，对促进我国海上风电高端装备制造升级、挖潜深远海风能资源具有积极意义。

“三峡引领号”是典型的科研加工程的示范应用类项目，其成功实践应用，使得我国全面掌握了漂浮式风电开发技术，为我国更好地开发深远海海上风电提供了有力的技术支持和工程实践支撑，推进了深远海风能资源的开发利用和商业化发展。

第5章 海上风电场建设工程管理

为有效防范化解海上风电所面临的特定风险，提高海上风电项目的安全性、可靠性、经济性。本章结合海上风电建设工程特点，对海上风电场施工全过程周期内安全管理、建设创新管理等进行阐述。

5.1 海上风电场安全管理

三峡阳江沙扒海上风电项目自2018年主体工程开工以来，2021年8月施工高峰期，船舶突破120艘，在海人员超过2400人，受台风影响逾20次，工作面近30个、起重吊装作业超4000次等不利因素交织叠加，安全管理难度大。项目安全生产工作以习近平总书记关于安全生产工作的重要论述为指导，始终把人民生产安全放在首位，坚持“安全第一、预防为主、综合治理”，实现了安全生产“零事故”“零伤亡”双零目标。

5.1.1 安全管理体系建设

三峡阳江公司安全生产工作根据国家法律法规及相关制度，建立“党政同责，一岗双责，齐抓共管，失职追责”的安全管理责任体系，建立安全生产委员会“双主任”制（党组织书记、总经理），安全生产委员会主任定期主持召开安全生产委员会会议，分析研判安全风险，研究部署安全生产重点事项。

（1）安全管理机构

三峡阳江沙扒海上风电项目以三峡阳江公司总经理（党组织书记）为主任，常务副总经理为常务副主任，公司副总经理及安全总监、参建单位负责人、监理单位总监理工程师为副主任，以公司工程管理及安全管理负责人、监理单位总监代表和安全总监，以及参建单位分管安全负责人或安全总监为主要成员组成的项目安全生产委员会（以下简称“安委会”），结合机构改革进程和人员变动对安委会进行动态调整，确保安委会结构完整、责任到位，工作能够有效开展。安委会管理机构及人员组织架构如图5-1所示。

安委会是项目安全生产管理领导机构，主要安全生产责任包括以下几个方面。

1）贯彻落实国家、地方及相关单位安全生产法律法规、标准规范，制定、完善项目安全生产总体目标及年度目标、安全生产目标管理计划，并组织实施与考评。

2）组织制定、完善、评估安全生产管理制度，并组织落实与监督、考核。

3）组织开展国家、行业要求的关键环节、重要时段的安全生产监督检查、隐患排查。

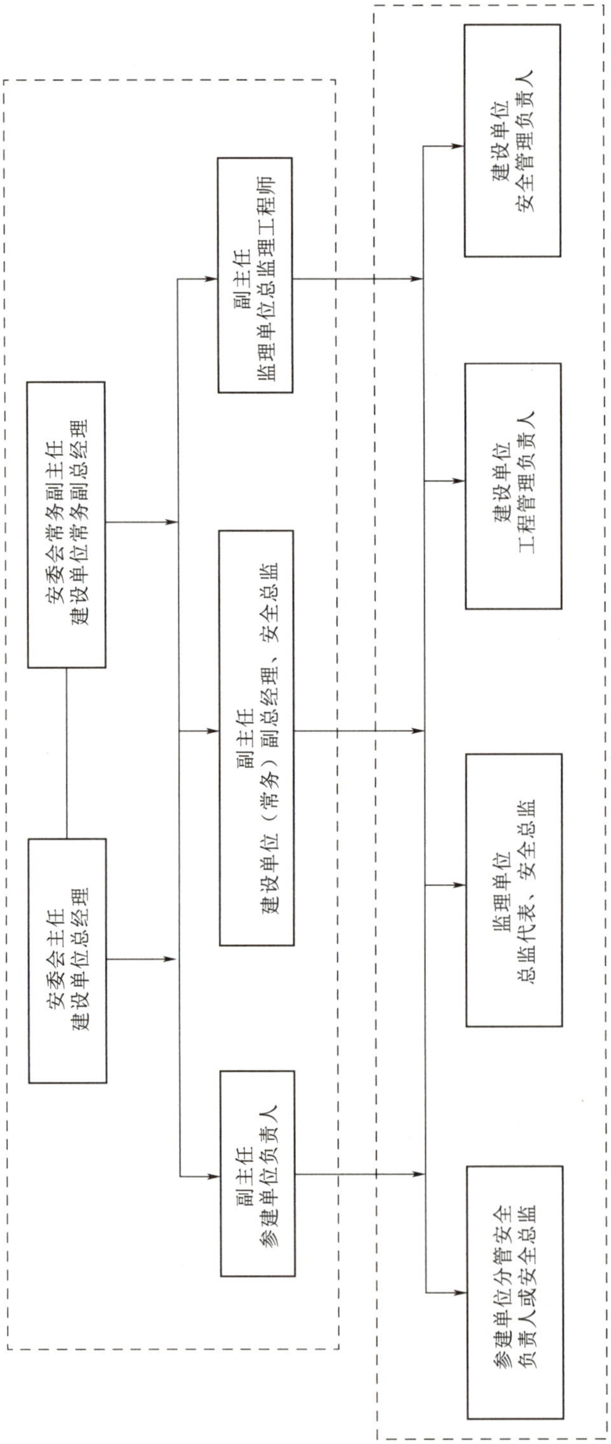

图 5-1 安委会管理机构及人员组织架构

4）协调解决安全生产工作中的重大问题。

5）指导、督促各部门、各参建单位提升生产安全事故防范、风险控制和应急救援能力。突发重大生产安全事件时，迅速调集力量组织或参与应急救援工作。

6）建立安委会会议制度，定期和不定期召开安委会会议、公司安全生产工作会议和安委会专题会议，系统分析安全生产形势，协调解决安全生产中的重大问题等。

（2）安全生产管理责任

三峡阳江公司根据新修订的《中华人民共和国安全生产法》及相关规定和要求，结合主要岗位安全管理角色，建立健全并落实全员安全生产责任制，严格执行安全生产“三个体系”（保证体系、监督体系和支持体系）和“落实五到位”规定，分层级签订安全生产责任书，层层压实安全责任，定期组织对安全职责落实情况进行监督考核，充分体现责权相统一的原则，做到“横向到边、纵向到底”，形成一套完整的责任制体系。

（3）安全监管队伍

三峡阳江公司配置了安全总监，专设了质量安全环保部，安全监管队伍长期保持在8人以上，人员涉及专业面广泛，以老带新，积极发挥“传帮带”的作用。各参建单位安全管理部门保持在3人以上，各现场作业面兼职安全员到岗到位，作业班组和施工船舶保障至少有1名专（兼）职安全监管人员。

（4）安全管理制度

三峡阳江公司根据国家、属地、行业等相关要求，建立健全安全管理制度体系，编制了《安全生产管理制度》等30余项安全管理制度。根据属地海上风电场通航安全监督管理暂行办法等要求制定《船机设备安全管理制度》等海上交通安全专项制度，旨在明确各方安全管理职责。结合工程建设实际和各参建单位角色，在执行现有规章制度的基础上，持续完善和定期修订各项安全管理规章制度，确保管理制度全覆盖、无管理漏洞。通过定期培训、宣贯等方式被各参建单位熟知并有效执行。

（5）安全会议

三峡阳江公司建立健全安全会议管理规定，明确安全例会频次、会议议题、会议纪要等要求。专题会：通过讨论特定安全生产主题，使参会人员能够更好地理解安全知识，增强安全意识，推动安全文化建设，从而改进安全管理措施，减少事故的发生；月例会：建设单位负责人主持，每月召开一次会，各参建单位安全管理主要负责人、安全管理人员参加，总结盘点上月各单位、各专业、各作业组安全管理制度和安全标准化工作，及时研究解决施工过程中存在的安全问题，并部署下月安全生产重点工作；季度例会：由安委会办公室组织，安委会主任主持，每季度召开一次，各单位项目主要负责人参加，落实上级有关安全生产的政策措施和精神要求，分析安全生产现状，研究部署安全生产工作，综合分析安全生产形势，及时总结事故教训及安全生产管理上存在的薄弱环节，研究采取预防事故的对策。

三峡阳江公司定期与不定期召开月度安全例会、安委会会议，全员安全管理提升会和防台风部署及总结会、复工安全生产会等专题会，组织召开各类安全会议超110余次。安全会议深入分析研判节后复工、防台风防汛、防暑降温、台风防范等安全生产风险，对检查情况进行集中通报，对安全生产工作进行整体部署。

5.1.2 双重预防机制健全

（1）危险源辨识

三峡阳江公司组织各参建单位辨识项目安全风险，评价项目风险程度，并进行风险分级，编制危险源辨识与风险分级管控清单[16]，根据项目进展情况对危险源和环境因素进行动态辨识、评价和控制；针对项目主要危险源和环境因素制定管理措施，其中识别出的重大危险源，进行定期检测、评估、监控，并制定应急预案。

在安全风险评价过程中，采用“作业条件危险性评价法”（格雷厄姆评价法或 LECD 评价法）来评价工作人员在具有潜在危险环境中作业的危险性。安全风险等级从高到低划分为重大风险、较大风险、一般风险和低风险，分别用红、橙、黄、蓝四种颜色表示。

三峡阳江公司根据工程实际，从海上风电施工、陆上集控中心施工、海上风电场检修、海上风电场运行等各方面开展危险源辨识工作，对辨识出的主要危险源，制定详细的管理措施；每年联合各部门及参建各方群策群力开展风险辨识、评估及管控工作，对台风、强对流、高温中暑、吊笼、人员过驳、密闭空间、高处作业、非机动船舶、平台船、交通船、大件吊装等 20 余项重点风险做好系统防控。

（2）重点风险管控

三峡阳江公司根据现场作业内容，不断分析、细化现场作业安全管控规定和要求，组织专项制定了船舶管理及考核和气瓶、自升式风机安装平台、密闭空间、电气设备消缺安全管理等近 40 份专项安全管控规定及要求，如图 5–2 所示。

三峡新能源阳江发电有限公司文件

三峡江电〔2021〕25 号

关于进一步加强海上自升式风机安装平台安全管理的通知

公司各部门、各参建单位：

为进一步加强本项目移动式海上平台（以下简称“平台”）的安全管理，迎接 2021 年安全生产月的到来，提高各参建单位的安全意识，保证平台作业安全以及平台上作业人员的人身安全，营造安全的施工环境，现结合《海上移动平台法定检验技术规则》（中华人民共和国海事局 2016）（以下简称“2016 规则”）有关平台安全管理的相关要求，就进一步加强平台安全管理的要求通知如下：

一、进一步加强平台规范化和平台关键人员的管理

三峡新能源阳江发电有限公司文件

三峡江电〔2021〕7 号

关于加强交通船安全管理及考核的通知

公司各部门、各参建单位：

2021 年，三峡阳江海上风电项目将进入决胜年，为做好海上风电项目交通船安全管理工作，保障人员上下交通船安全，实现交通船动态管理，防范安全生产事故发生，确保海上交通安全风险可控在控，现特对海上交通船作出规定如下：

一、实行交通船准入制度

（一）各单位交通船在入场前必须经过监理审批合格后才能入场，严禁使用渔船作为海上交通运输，审批分为资料审查和现

三峡新能源阳江发电有限公司文件

三峡江电〔2021〕6 号

关于加强现场气瓶安全管理及考核的通知

公司各部门、各参建单位：

自阳江海上风电项目开工以来，在历次安全检查中屡次发现各施工单位气瓶管理不规范，气瓶安全隐患较多，未能得到根本性改善，为确保气瓶安全风险可控在控，根据气瓶使用安全管理相关规范要求，并结合本项目实际情况，现特对施工现场气瓶安全管理及考核规定如下：

一、气瓶进场安全管理

（一）各施工单位应建立气瓶入场前的检查验收机制，明确专人负责气瓶管理工作，严禁不合格气瓶进入施工现场。

（二）气瓶入场时，气瓶应具有出厂合格证，气瓶本体钢印标记必须清晰，应有检验日期且气瓶未过检验日期。

图 5–2　专项安全管控规定及要求

严格执行住建部《危险性较大的分部分项工程安全管理规定》，确定项目危大工程清单，根据风险等级对危大工程进行管控，加强对专项施工方案编制、审批及专家论证管理，加强专项施工方案实施过程关键环节的监督管理，落实工程各工序验收管理，做到“五不施工”——无施工方案不施工，施工方案未经审批不施工，无安全技术措施不施工，安全技术措施未交底不施工，现场无人监督不施工。

三峡阳江公司严格特种设备采购、检验制度，确保参建单位租赁、使用的设备满足合同要求。设备在施工前、安装后必须进行验收，并对相关过程及结果进行记录。对特种设备设施进行规范化管理，建立特种设备设施运行与特种人员管理台账。大型机械管理入场

设备应满足《起重机械安全规程》（GB/T 6067.1—2021）《建筑机械使用安全技术规程》（JGJ 33—2012）的要求，监理及时组织入场报验工作；相关设备操作人员持证上岗，入场时进行检验确认；严格执行装拆程序、装拆前零部件检查与安全技术交底制度。

（3）隐患排查治理

根据行业安全检查及隐患排查治理相应要求，结合海上风电场项目的实际情况，三峡阳江公司在现有隐患排查治理机制的基础上，完善并形成隐患排查治理长效机制。定期开展月度综合大检查及结合开展各类专项检查共80余次，及时将检查情况在月度安全例会上进行通报，印发整改通知单，坚持定人员、定措施、定完成期限、定整改人、定验收人的“五定”原则。专项检查主要涉及节后复工、防台风防汛、起重吊装、安全生产大检查、电力安全生产等内容，共查改各类隐患1800余项。

5.1.3 安全管理重难点及应对措施

（1）海上重点风险过程监控

海上风电项目风机基础施工、风机安装及海上升压站组块等大件吊装施工频繁，过程安全管控风险高。一是严格执行三峡集团《海上风电建设重点风险过程监控程序规范》文件，对各单位执行情况进行随时抽查及定期考核，确保基础施工、海缆敷设、风机吊装、施工平台安装、海上升压站吊装等重点作业风险监控到位；二是对海上升压站施工、海上临时平台安全管控等编制制度或下发通知，通过安全例会等形式，对现场风险做出提醒和要求；三是严格落实安全生产重要作业、重点节点、重要时段人员到岗到位要求，强化穿透式安全管理，在海上高风险作业现场推行安全监督机制，施工窗口期安全监管人员驻船督导巡查，强化大件吊装、潜水作业、嵌岩施工等例行检查及专项检查，督促强化现场管控措施落实；四是主动配合并积极邀请三峡集团质量安全监督检查中心对本项目开展检查，充分借助专家组力量，提高风险识别能力，进一步加强风险防控。

（2）船舶及人员管理

项目建设期船舶人员众多，船舶与人员管理是贯穿整个海上风电项目安全管控的重点和难点，三峡阳江公司严格执行新进场船舶入场许可检查，强化本质安全管理；即使在抢装潮船机资源紧缺的背景下，禁止了多艘不符合安全管理要求的平台进场，建立船舶安全准入十五条硬标准，具体条款如下。

1）非机动船舶应当配备具有一定风电施工经验的持证船员，并确保有足够数量的船员满足航行、作业值班及应急处置的要求。

2）非机动船舶应配备主机功率满足要求的应急拖轮，保障拖轮常驻现场应急值守，应急拖轮应与海事主管部门核发的水上水下作业和活动许可证相关条款原则上保持一致。

3）大型施工船舶必须按要求配备锚链，禁止使用钢丝锚代替。

4）新入场船舶必须纳入责任单位安全管理体系，签订安全生产管理协议。

5）船舶应持有有效船舶证书和文书，满足船舶最低安全配员要求，按规定配备相应的救生、消防、通信，以及防污染等设备设施并保障处于良好可用状态。

6）船舶必须通过属地海事主管机构的安全检查。

7）严禁中华人民共和国海事局重点跟踪船舶进场。

8）主要作业船舶优先选择中国船级社（CCS）或国际其他船级社认证的船舶，其所有人、经营人或管理人应具备相应船舶管理资质；交通船优先选用高性能交通船，新进场作业交通船航速不得低于15kn。

9）严禁违规重大改建的船舶进场。

10）禁止改建老旧运输船舶进场。相关定义见交通运输部印发《老旧运输船舶管理规定》。严禁由三桩腿钻井平台改建的平台船入场。

11）严禁使用“无船名、无船籍港、无船舶证书”船舶、内河船舶、渔船或渔业辅助船、其他不符合法定安全标准的船舶或无法满足安全需求的船舶作为海上作业船舶，进场作业船舶应取得海事部门核发的水上水下活动许可证。

12）陆用机械上船组合作业必须制定专项施工方案，并附具船舶稳定性和结构强度验收结果，且组织专家论证；陆用起重机在船作业时，还应对起重机的吊重、做业半径做出规定，起重机、吊臂及吊钩必须设置封固装置。

13）参与大件吊装等危大工程作业的船舶要按规定配备视频监控设备并接入三峡阳江公司监控后台，大中型作业船舶（包括但不限于平台船、起重船、海缆敷设船等）应为专家评审论证后专项施工方案中列明的船舶。

14）船舶厨房应使用安全电灶，严禁使用厨用液化石油气的船舶进场施工。

15）施工船舶最大在船人数（含船员）不得大于船舶法定证书明确配备的救生设备的最大总人数。

同时，三峡阳江公司积极邀请中国船级社等外部专业力量开展海上船舶专项检查共计9次，检查重点船舶30余艘；施工高峰期中国船级社委派1名专家常驻现场检查及提供安全咨询，同时提升自身队伍专业水平。强化在海人员合规确认，做好特种作业人员资格证、船员适任证、海上交通安全技能培训合格证等检查；通过取证培训、出海人员安全告知、作业人员现场培训、定期组织应急演练、扎实开展班前会等多种形式，提升在海人员安全意识与能力。

5.1.4 应急管理

（1）应急管理体系

三峡阳江公司成立应急指挥领导小组，建立应急救援体系，将参建各方纳入建设单位应急体系，统一协调指挥，保持步调一致。根据《生产经营单位生产安全事故应急预案编制导则》，结合海上风电场项目风险特点，针对不同事故种类，识别存在的危险有害因素，确定可能发生的事故类别，分析事故发生的可能性，以及可能产生的直接后果和次生、衍生后果，评估各种后果的危害程度和影响范围，开展应急预案体系建设、应急预案的编制，并向属地主管部门备案。

三峡阳江公司编制了《突发事件综合应急预案》和《防台风防汛防强对流天气应急预案》等专项应急预案，经过评审完善后正式发布，并按规定向国家能源局南方监管局发起备案申请，取得备案。

（2）应急抢险救援

海上风电项目“孤岛”效应显著，三峡阳江公司高度重视应急资源保障工作，与属地气象台签订预警服务协议，强化台风等恶劣天气全生命周期预警预报；与广州打捞局签订应急拖轮救援服务，分别于 2021 年 8 月 23 日至 2022 年 3 月 31 日、2022 年 8 月 1 日至 2022 年 10 月 31 日、2023 年 6 月 16 日至 2023 年 10 月等期间就台风、冬季季风等恶劣海况租赁 17 000HP 专业大马力拖轮“德惠”，如图 5–3 所示。“德惠”累计租期超 400d，服役期间，“德惠”积极主动服从政府主管部门和三峡阳江公司统一指挥、统一协调、统一调配，曾成功救助邻近项目走锚非机动起重船，保护了项目 220kV 海缆免受破坏，防范化解了重大风险，助力项目如期实现全容量并网；与南航通用航空股份有限公司签署直升机应急保障服务，为守护海上风电作业人员搭建起“空中生命线”。

图 5–3　广州打捞局 17 000HP 专业大马力拖轮“德惠”

为冬季施工和应急救援，与国家打捞系统所属单位合作租赁专业保障船舶“海龙铭”，该船可在 2m 以上的海浪和 6 级以上的大风中正常航行，携带 DP3 动力定位系统，能在风速大于 6 级、海流大于 1kn 的条件下实现高精度定位，同时配备具有波浪补偿功能的吊机和海洋石油专用载人吊笼，为施工辅助母船在国内海上风电项目建设中的首次应用，在台风安全转移人员逾百人次，极大地保障了海上作业人员转移和撤离安全。同时组织各方签订安全互保协议，建立健全应急联动互助救援机制，成立搜救大队，牢固树立“一盘棋”意识，建设高峰期项目储备各方应急拖轮 10 余艘。本项目积极构建包含施工辅助母船、运行维护母船、大马力拖轮、直升机等“海空”应急保障体系，健全完善“三位一体”救援体系。

三峡阳江公司充分发挥央企在安全生产中的带头作用，在属地政府统筹协调指挥下 3 次成功处置外部船舶走锚失控、渔民落水等突发险情，应急管理工作多次收到属地海事局、同行的感谢信，如图 5–4 所示。

（3）应急演练

三峡阳江公司结合生产建设实际，面对项目离岸较远、作业水域较深、海况恶劣等不利局面，健全与地方政府、内外部单位协调联动机制，合理有效地策划应急预案演练，保障演练频次满足专项应急预案应急演练周期要求，提前邀请地方相关部门及上级单位相关

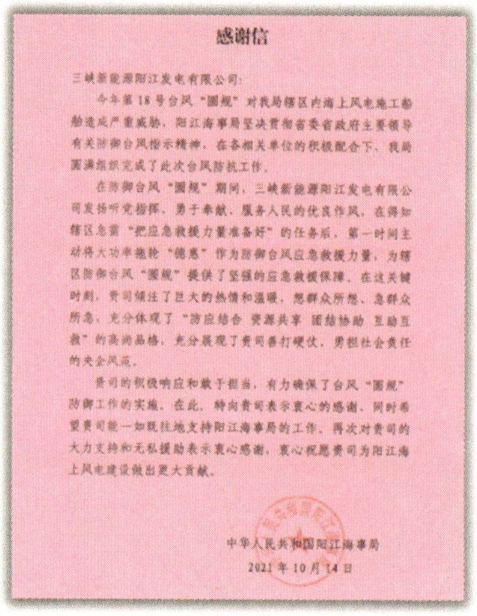

感谢信

三峡新能源阳江发电有限公司：

今年第18号台风“圆规”对我局辖区内海上风电施工船舶造成严重威胁，阳江海事局坚决贯彻省委省政府主要领导有关防御台风指示精神，在各相关单位的积极配合下，我局圆满组织完成了此次台风防抗工作。

在防御台风“圆规”期间，三峡新能源阳江发电有限公司发扬听党指挥、勇于奉献、服务人民的优良作风，在得知辖区急需“把应急救援力量准备好”的任务后，第一时间主动将大功率拖轮“德惠”作为防御台风应急救援力量，为辖区防御台风“圆规”提供了坚强的应急救援保障。在这关键时刻，贵司倾注了巨大的热情和温暖，想群众所想、急群众所急，充分体现了“防应结合 资源共享 团结协助 互助互救”的高尚品格，充分展现了贵司善打硬仗、勇担社会责任的央企风范。

贵司的积极响应和敢于担当，有力确保了台风“圆规”防御工作的实施。在此，特向贵司表示衷心的感谢，同时希望贵司能一如既往地支持阳江海事局的工作。再次对贵司的大力支持和无私援助表示衷心感谢，衷心祝愿贵司为阳江海上风电建设做出更大贡献。

中华人民共和国阳江海事局

2021年10月14日

广东粤电阳江海上风电有限公司

感　谢　信

三峡新能源阳江发电有限公司：

2021年是我司所属海上风电项目施工关键的一年，由我司承建的粤电阳江沙扒海上风电迎来最终决胜战役，“抢装潮”亦已进入全面冲刺阶段。近日，我司施工单位一船舶在避风期间出现走锚情况，贵司紧急出动与交通运输部广州打捞局合作的“德惠”号拖轮，救助我司受险船舶及时脱险，于危难之际伸出援手，在此向贵司表示衷心的感谢！

在整个抢险过程中，贵司以快速的救援响应、专业的救援水平、丰富的救援经验，一路劈波斩浪全力支持我司，带着遇险船舶成功抵达安全锚地，充分展示了贵司良好的精神风貌和企业实力，成功诠释了国企的社会担当。

以上种种我司及施工单位中铁大桥局集团有限公司感恩在心，在后续的工作中，我司也希望在力所能及的情况下对贵司提供帮助，也希望在后续的工作中有密切合作的机会。我司坚信，在双方的密切配合下，定可在“碳达峰、碳中和”的大形势下为新能源开发和建设作出突出贡献。

图 5-4　应急工作多次收到属地海事局、同行感谢信

人员参加演练并提出建议；组织参建单位开展船舶消防、船舶溢油、防台风、施工现场防中暑、弃船、船舶人员落水、起重伤害事故等各类应急演练300余次，每年组织开展直升机应急救援和防台风实战演练，通过模拟真实场景演练，实现了应急救援演练全过程的高效有序与迅速响应，以练为战锤炼了应急救援队伍的应急处置能力及协同配合能力。

同时把应急演练与突发事件应急预案相结合，通过应急演练，检验救援方案的针对性、完善应急预案、落实应急救援职责、磨合应急救援程序、评估应急准备工作状态，以实战、实用、实效为标准扎实做好应急救援准备，提高从业人员突发事件现场处置自救互救能力和整体应急救援能力。

5.1.5　防台风防汛

三峡阳江沙扒海上风电场位于阳江海域，水域广阔，涌浪较大，6—10月台风影响频繁，每年影响海上风电场的热带气旋6～8个。台风多发期间，项目通常处于建设高峰期，施工与防台风来回切换。进入10月到次年3月，阳江海域受冬季季风和长波涌等恶劣环境影响，海况持续恶劣，施工窗口期短暂且零散，项目每年可作业施工窗口期仅120d左右。

三峡阳江公司全面贯彻落实国家及上级单位关于防台风防汛工作的安排和部署，全力做好防台风防汛工作。推行防台风标准化工作机制，编制并定期更新防台风工作清单、防台风指导手册和防台风防汛工作方案。近几年受27个台风影响，三峡阳江公司启动6次防台风Ⅰ级应急响应，成功防范“苏拉”“泰利”“暹芭”“查帕卡”等10个正面登陆广东的台风。

三峡阳江公司调查周边海域避台风锚地数量及其容量，加强政企联动，推动应急救援补短板建设，配合主管部门开展应急避风区域选址勘察，根据台风来向制定不同的避台风方案，根据船舶性能及台风大小合理确定防抗台风方案，对于自升式风机安装平台等特殊大型船舶实行“一船一方案”，合理选定避台风方案，主要领导敢于担当，扎实开展多轮次防台风专项检查，扎实开展直升机应急救援、防台风等综合实战演练；加强事前预防，

重点关注风电机组抗台风部署，及时开展防台风策略试验和定检工作。

三峡阳江公司强化冗余安全管理，综合分析研判台风胚胎动向，提前组织召开防台风部署会。及时启动防台风应急响应，留足安全“余量”，组织人员上岸、船舶撤离至锚地内侧避风，严格执行属地三防工作指令。制定并动态更新船舶、人员撤离“一张表”，建立上岸安置人员统计台账，有序撤离船舶1500余次，撤离人员5000余人次。主要领导深入一线、靠前指挥，现场逐一督导核查船舶人员撤离情况。执行24h值班值守，台风影响期全体领导班子成员办公室值班，各业务部门联合值班，推动厂家骨干力量集控中心值守，值班人员达400余人次。加强与省、市防汛抗旱指挥部和省气象部门及海事管理机构的沟通联系，形成防台风防汛联动机制，以准确掌握台风汛情、避台风锚地等实况信息，为准确发出应急响应指令提供外部支撑。在做好项目内部防台风险辨识的同时，充分考虑外部船舶故障、走锚失控等突发状况给本项目带来的安全风险，与海事部门建立良好沟通渠道，有突发状况第一时间获取信息及时处置。台风警报解除后，组织开展复工检查和物资清点等工作，具备复工条件后方能复工，落实“一台一总结”，认真分析存在的问题，制定改进措施，及时完善工作流程，持续推动防台风工作标准化。

同时本项目受南海“土台风”的影响，其存在发展快、预报难、路径多变、风力瞬间增强等特点，防范预留反应时间短，2021年南海台风“查帕卡”于7月17日晚生成，7月20日晚以12级在阳江登陆，7月19日1d之内强度连升4级，从8级热带风暴加强到12级台风。因此，华南区域要高度重视南海台风防范工作，一是要提前预警，要充分依靠当地气象部门专业力量，密切关注台风胚胎形成，发布预警信息；二是要及时响应，由于南海台风发展极快，从形成到登陆往往只需要几天时间，要及时调整防台风策略，尽早启动防台风应急响应；三是要果断撤离，由于“土台风”发展快，强度等级及路径无法准确预报，需要应急领导小组迅速决策，下达指令果断撤离海上作业人员及船舶。

5.1.6 安全教育培训

三峡阳江公司根据行业安全管理要求，结合项目实际情况，坚持内部、外部培训相结合。积极组织人员参加外部各类安全培训，开展“走出去”活动，学习系统内部和系统外单位安全管理理念和做法，邀请三峡集团质量安全监督部门、中国船级社等一批内外部专家开展专业培训20余次，参与人数超1200人次，培训内容涵盖防台风防汛、船舶证书合规性管理、起重吊装、平台船、高温中暑、事故案例、运行维护安全等内容；内部培训以周培训、月培训和专项培训相结合，参建各方轮流讲课与外请专家讲课相结合，根据现场检查典型隐患，有针对性确定每月培训主题，轮流开展吊索具维护保养、危化品安全管理、防暑降温、船舶消防等专题培训，培训由参建各方轮流主讲，通过安全月例会、周例会开展培训72次，累计参与人数超2800人次。持续优化完善培训内容、形式、主题，提高培训实效和基层员工的参与感。

三峡阳江公司推动培训“进班组、进集装箱、进船舶”，组织各参建单位内部开展“三级安全教育”、安全技术交底、班前会、各类专项教育等直插一线的安全培训，打通安全培训的“最后一公里”，确保作业人员应当按规定持有海上设施工作人员海上交通安全技能培训合格证明或者相应等效的培训合格证，并开展入场人员体检。

5.1.7 安全生产奖惩

三峡阳江公司加大对典型问题隐患的惩处与曝光力度，利用发文书面通报、工作群公开通报、会议专项通报等手段加以曝光。对出现人员配置不到位、隐患屡查屡犯等问题，立足于抓预防，单独约谈责任单位主要负责人。针对检查中发现的共性问题开展专项整治行动。建立事故隐患“说清楚”工作机制，印发典型质量安全隐患清单逐步建立相应清单，日常检查中发现清单中问题立即约谈责任单位，要求责任单位“说清楚”并制定整改措施。

三峡阳江公司开展各具特色的安全文化建设，“安全月”活动、安全知识竞赛活动，如图 5-5 所示；在施工区域、办公区域等场所展示安全展板、横幅、宣传画册等；开展“百日倒计时”活动；积极推动安全风险责任金，健全完善安全生产约束机制和全员安全生产责任制；每月定期开展系统典型隐患上报积极分子评选工作，并给予一定奖励；每年组织评选安全先进单位和先进个人，提高各方参与安全管理工作的积极性，持续强化安全管理的穿透力与威慑力。

图 5-5 “三峡阳江海风杯”安全知识竞赛

5.1.8 信息化系统建设

三峡阳江公司强化科技兴安，通过各类信息化系统的建设，对现场人员、船舶、机械、作业进行全过程安全监管。

三峡阳江公司积极对接三峡集团数字化中心，建成了融合多源定位与移动技术的三峡海上风电人员及船舶管理系统，系统综合应用北斗、GPS 等多源定位方式，移动端采用微信小程序开发架构，桌面端采用微服务架构；实现了对出海船舶的实时定位及轨迹跟踪，对作业人员的登离船状态跟踪及动态掌控，对闯入施工区域的其他船只通过推送消息进行间接驱离；加强了对台风期间船舶撤离避风情况的有效跟踪，提供了海上作业安全管理的有效手段，提升了管理水平及管理效率。

三峡阳江公司积极推广微信隐患平台，通过信息化手段填写检查记录和隐患信息录入隐患图片、隐患区域、隐患描述等，通过系统设置整改人定时完成整改，各方安全、工程、船机等部门管理人员积极利用微信隐患平台，不断推行“人人都是安全员、处处都是安全岗”，如图5-6所示。

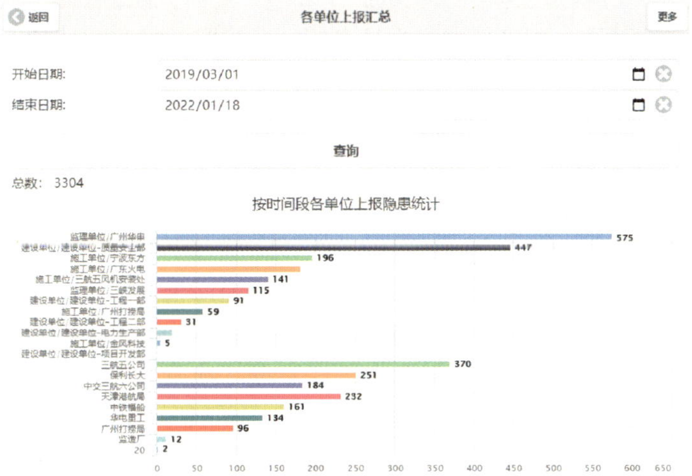

图5-6　微信隐患平台检查现场隐患

三峡阳江公司强化视频监控设备对施工安全监管工作的重要作用，高度重视视频监控设备配备工作，利用信息化、科技化等手段，辅助工程建设安全管理；针对阳江区域极端恶劣天气，健全预警应急机制，推动构建精细化气象预警一张图，进一步加强网格化、短时临近预报；积极探索建立人脸识别出海自动登记系统，加强出海人员的动态管理。

5.1.9　其他安全生产重点工作

（1）安全生产费用

三峡阳江公司安全防护、文明施工措施费（以下简称“安措费”）管理严格按照《财政部 应急部关于印发〈企业安全生产费用提取和使用管理办法〉的通知》计提，制定安全生产费用提取、使用年度计划，建立月度使用台账。加强参建各方安措费监管审核，阶段报审，严格审批，确保专款专用，投入充足，实施后方能支付。按照“足额投入、专款专用”等原则，保障安全费用计提，加强海上风电应急救援拖轮、直升机、保障船等物资安全生产投入。加强对安全生产费用投入和有效实施的监督。

本项目安措费按照海上风电场项目建筑安装工程造价的2%计提安全费用（2022年9月根据上级单位要求将提取标准提升至2.5%）。根据《建筑工程安全防护、文明施工措施费用及使用管理规定》要求，合同工期在一年以上的（含一年），预付安全防护、文明施工措施费用不得低于该费用总额的30%，其余费用应当按照施工进度支付，海上风电场项目在该规定框架内于合同谈判期间确定预付安措费比例，安措费在建设周期内总额控制使用。

三峡阳江公司组织严格按照制度、计划做好安全生产费用的使用，以制度规定为基础，确保安全生产费用足额投入、专款专用，在海上风电应急管理方面进行了大量的安全投入，项目协调多艘应急保障船舶于台风、冬季季风等恶劣海况期间驻守阳江海域，为项目提供应急救援、值守等保障服务。

（2）安全文明施工

三峡阳江公司推行建设安全文明管理标准化，加强统一目视化建设管理，提升项目施工现场安全文明施工水平，营造安全、文明的施工环境，配合三峡能源编制了《海上风电工程安全文明施工标准化图册》，积极打造成为具有统一、标准、规范的特色三峡项目工地。

5.2 海上风电场建设创新管理

5.2.1 加强对沿海气象观测的管理

加强现场海况分析，综合各天气预报系统数据研究海上风电场海域海况特点，匹配不同施工作业特点，做到因地制宜[17]。分析统计影响施工作业的时间和施工窗口期，根据统计资料指导现场施工安排，做出有针对性的现场施工应变预案。开发基于现场实测和卫星探测的海洋气象系统，系统实时监控海上风电场（风机）所在位置的海洋和气象信息，通过精细化天气预报模型，提供精细化、多要素的未来海面海洋气象预报，提出适宜出海及作业指标。

5.2.2 加强对施工过程的管理

根据不同施工环节，加强现场施工管理，降低施工风险。针对基础施工、风机安装、海缆敷设、海上升压站运输及安装施工特点，制定相应的施工方案；对于易出现风险点的关键环节加强管控，全面考虑施工方案与现场施工环境的匹配程度、施工装备对现场施工环境的适用程度。

5.2.3 加强对海上风电大型装备及人员的管理

制定海上风电人员设备管理制度。根据海上风电行业涉及的领域和工种，制定针对性的管理制度，包括施工船舶管理制度、施工人员管理制度、锚地管理制度等。船舶管理制度需要针对船舶技术、机务、登记、进出港口、离靠码头等制定管理规则；施工人员管理制度则需要对在海上风电的施工人员进行资格审查，定期安全培训，上船、登靠、施工各项流程等方面制定规则；锚地管理制度需要对海上风电场周边锚地的选取、应急避风路线的选取等制定管理规则。特别说明的是，2021 年“抢装”冲刺阶段，三峡阳江公司创造性地将海上风电与大型海工装备结合，启用潜水支持船——“海龙铭”，如图 5-7 所示。“海龙铭”综合性能极强，能够在除南北极以外的全球海域工作，满足多种作业需求，包括饱和潜水、ROV 作业、海底施工、DP 动力定位、吊机舷外作业、海工服务等。2021 年 9 月初船舶进场后，在三峡阳江公司和“海龙铭”船东方科学组织、精心部署下，“海龙铭”时刻在三峡阳江沙扒海上风电场待命，积极响应各海上施工单位需求：在海上升压站送电期间承担应急保障任务；在风机调试并网的最终攻坚阶段，积极协助各风机厂家进行人员及物资的转运任务；为海上风电场提供优质的生活支持服务。

“海龙铭”以其过硬的现场管理能力和优越的船舶性能，在恶劣海况下变相“创造”出作业窗口期，同时确保了冬季海上施工安全，为三峡阳江沙扒海上风电场全容量并网提

图 5-7 “海龙铭”海上航行

供了坚实的保障。

建立健全作业人员安全保障标准及实训基地，建立具有海上风电针对性的施工作业人员安全实训标准，其中包含作业人员上岗前所需要进行的各项实训内容和具体考核指标，包含海上风电场建设、运行和拆除的全周期内所涉及的安全保障装备规范化使用方法、高空安全作业方法、大型装备使用方法及突发事故应急处理办法等。针对海上风电运营维护作业人员变动大、安全意识相对薄弱等危险情况，建立定期实训考核，强化人员作业意识。

5.2.4　优化海上风电设计能力及设计流程

加强地质勘察质量控制，确保数据的可靠性，对地质勘测的各个环节实行有效监督，推行勘察设计监理制度，对地质勘测结果的准确性进行后评估，作为后续项目选择地质勘测团队的依据。

重视前期测风工作，为风机选型与布置及发电量估算提供可靠依据。同时研究推广使用漂浮式激光雷达测风装置等新技术提高测风数据的及时性，减少测风塔建设对项目总体进度的影响；海上风电项目须在测风数据满一年的情况下开展施工图设计工作，保证风机布置的科学合理。

优化修正方法，准确估算海上风电场上网电量。通过分析实际项目数据，利用科学的统计学方法优化修正系数取值，力求实现修正系数的科学、准确。

加强设计阶段对施工因素的考虑。在符合国家相关政策法规的前提下，通过技术咨询、方案评审等方式引入可靠的施工合作单位提前介入设计阶段，在前期把控设计方案的施工难度，降低后期因设计方案难以施工导致的工期延误和成本上升。

探索切实可行的一体化设计方案。通过加强业主、设计院和风机厂商沟通，共同探索适合国情、符合各方利益、切实可行的一体化设计组织方案，可以组织可靠的合作风机厂商提前介入设计，共同完成整体载荷计算，减少设计过程中由于沟通不畅造成的技术和非技术成本。三峡阳江沙扒海上风电项目的经典设计优化案例便是基础设计优化，三峡阳江沙扒一期至五期及蕴阳海上风电项目所有的基础型式多为创新型基础，此前在国内鲜有成功应用，因此项目实际执行阶段，三峡阳江公司深入贯彻海上风电优化设计的思路，对各基础型式都组织开展了大量设计优化工作，最终实际采用基础型式包含有111台超大直径单桩基础、115台非嵌岩四桩导管架基础、23台高桩承台嵌岩基础、18台芯柱式三桩嵌岩导管架基础、24台植入式三桩嵌岩导管架基础、16台单柱复合筒基础、7台吸力筒导管架基础、1台漂浮式基础，见表5-1。

通过设计优化使项目嵌岩数量从可研阶段的246台降低到最终执行的65台，显著降低了成本，节约了工期，也为海上风电基础向深远海发展做好了技术储备。

表5-1　三峡阳江沙扒一期至五期海上风电项目基础优化对比表

项目	阶段	基础型式及台数					
三峡阳江沙扒一期海上风电项目	可研	基础型式	非嵌岩四桩导管架基础	嵌岩基础（芯柱嵌岩）	—	—	—
		台数	38	17	—	—	—
	优化后实际执行	基础型式	非嵌岩四桩导管架基础	单桩基础	单柱复合筒基础	三筒吸力桶导管架基础	—
		台数	10	39	3	3	—
三峡阳江沙扒二期海上风电项目	可研	基础型式	单桩基础	芯柱式三桩嵌岩导管架基础	植入式三桩嵌岩导管架基础	打钻打式三桩嵌岩导管架基础	三筒吸力筒导管架基础
		台数	2	24	16	8	12
	优化后实际执行	基础型式	大直径非嵌岩四桩导管架基础	芯柱式三桩嵌岩导管架基础	植入式三桩嵌岩导管架基础	—	—
		台数	40	13	9	—	—
三峡阳江沙扒三期海上风电项目	可研	基础型式	单桩基础	单柱复合筒基础	高桩承台基础	—	—
		台数	30	16	16	—	—
	优化后实际执行	基础型式	单桩基础	高桩承台嵌岩基础	大直径非嵌岩四桩导管架基础	植入式三桩嵌岩导管架	—
		台数	22	12	12	15	—
三峡阳江沙扒四期海上风电项目	可研	基础型式	单桩基础	三筒吸力筒导管架基础	三桩嵌岩导管架基础（植入）	—	—
		台数	10	9	28	—	—
	优化后实际执行	基础型式	单桩基础	大直径非嵌岩四桩导管架基础	—	—	—
		台数	7	36	—	—	—
三峡阳江沙扒五期海上风电项目	可研	基础型式	单柱复合筒基础	高桩承台嵌岩基础	—	—	—
		台数	22	25	—	—	—
	优化后实际执行	基础型式	高桩承台基础	大直径非嵌岩四桩导管架基础	芯柱式三桩嵌岩导管架基础	单柱复合筒基础	三筒吸力筒导管架基础
		台数	11	14	5	13	4

续表

项目	阶段	基础型式及台数					
蕴阳海上风电项目	可研	基础型式	嵌岩四桩导管架基础	非嵌岩四桩导管架基础	—	—	—
		台数	26	29	—	—	—
	优化后实际执行	基础型式	单桩基础	非嵌岩四桩导管架基础	—	—	—
		台数	43	3	—	—	—

5.2.5 加强项目建设施工组织管理

（1）提高施工资源保障

为在有限的海上施工作业窗口期内充分保障项目的建设进度，需在“人、材、机”全方位做足了资源保障工作。在项目建设过程中，加强在船机资源、人力资源、施工方案、组织管理等全方位精细化和创新性管理工作。根据项目所在海域条件及项目施工作业特点，提前锁定大型施工船舶及施工装备。同时，在建设过程中通过合理的施工组织，既充分发挥施工船舶的优越性能，又保证船舶施工不断档，持续为项目服务，实现双赢。

（2）提高材料生产备货保障

海上风电施工必须以陆上施工保障海上施工为前提，提前锁定项目所需的钢材、主机大部件、叶片原材料等。建设管理中需进一步梳理各环节制造加工流程及重点管控环节，从钢结构到主机、叶片加工制造，对每个环节进行认真分析，精准把握重点、难点，并通过合同管理、过程管控等一系列措施确保各项材料供应和生产制造的及时性。

钢结构作为基础施工的重点供货保障，在选择钢结构加工厂时，应充分考虑生产制作能力及码头出运能力，优先选用加工经验丰富、产能充足、厂区起重设备优良，可立式加工并出运的钢结构加工厂。过程中安排专人驻场对接生产、督促生产，管控生产全过程的质量和进度。此外，还应考虑到广东、江苏等地区的气候因素对钢结构生产加工的影响，提前做好雨季施工措施，降低气候对钢结构生产制作的影响。

针对主机、叶片的生产制作，应深入了解海上风电制造产业链的各个环节，研判生产备货的薄弱面，可采取下列措施来提高主机、叶片保障能力。

1）通过协调地方政府和风机厂家，推动主机和叶片厂家就地设厂、就地制作。这不仅为当地引入和完善了海上风电制造产业链，同时也提高了备货量，在一定程度上缓解了船机资源紧张的情况，为高峰期大规模风机吊装提供有力支持。

2）针对主机关键大部件、叶片主要原材料等依赖进口的问题，在提前下订单确保原材料供货的同时，进一步挖掘国内市场，以国产代替进口，加大设备国产化，进一步提高材料设备的供货保障能力。

3）通过合同管理提高保障能力，在合同签订时提前明确主机、叶片的储备量，并将其作为合同支付的考核指标，督促分包商落实到位。此外，在合同执行过程中安排监理进行工厂验收，提前锁定设备供货节点。

（3）提高设备存储运输保障

海上风电工程建设既具有有序性，一般需按基础施工—风机安装—海缆敷设—调试并网的顺序进行，又易受海域海况影响而具有不确定性，存在施工高峰期与低峰期。为避免出现高峰期生产供货不足和低峰期生产堆积的问题，需合理安排钢结构、风机、海缆等的生产供货流程，做到低峰期正常加工确保高峰期供货充足，因此设备堆存和运输就成了关键环节。

针对此问题，可从以下两个方面着手解决。

1）在合同签订时明确要求生产厂家预留堆存场地，长期确保一定的设备堆存量。

2）协调地方政府及相关部门，主动在港口租用专门的码头和堆场。各生产厂加工完成的主机、叶片在完成工厂验收后直接发运至码头堆场堆存，在有效避免远距离二次倒运的同时又便于设备从码头装船出运至施工现场，确保供货的及时性和连续性。同时，采用小型运输船在生产厂和码头堆场之间连续往返运输，充分利用市场上小型运输船资源充足的特点，释放大型运输船资源，使得大型运输船能够被高效应用于往返码头堆场至施工现场，发挥大型运输船优越的船机性能，同时减少码头报港及停靠时间。

5.2.6 针对多工作面创新组织管理

海上风电项目建设周期短，建设过程中，为保障项目建设进展，存在多工作面同时开展，不同参建单位之间的工作面交接的问题[18]，特别是对于具有施工顺序性和不确定性的海上风电项目，时常会面临进度滞后和窝工、滞船等情况。面对这种挑战，可采取深入调研市场形势，提前制订项目建设计划，定期分析实际进度与计划的偏差，准确把握偏差影响点，有的放矢地干预各个工作面的施工进展，统筹协调各工作面之间的衔接工作，确保工程整体进展不受影响。例如，一台风机的成功并网离不开钢管桩和导管架的建造运输施工、塔筒和叶片及主机的制造运输吊装、海缆的生产运输敷设、电气设备调试并网等环节，每个环节都需要考虑与前后环节相衔接，避免出现搁置与冲突的情况。

在施工组织方面，通过在现场跟踪各项施工工序，并记录每道工序的用时，对比分析施工难点及问题频发点，探究规律、连点成面、逐个击破，不断提高现场施工工效。必要时召开施工提效分析专题会并邀请国内海上风电施工专家建言献策，及时总结和吸收先进经验，充分利用施工窗口期，不断优化项目施工工艺。

第6章
电力生产运行管理

本章介绍国内首个百万千瓦级海上风电场的生产运行管理。重点从电力设备概况、集中运行管理、集中检修管理、电网调度管理等方面对海上风电场运行中安全关键技术进行了讨论。

6.1 项目及主要电力设备概况

在第1章我们已经提到，三峡阳江沙扒海上风电场总装机容量200万kW，在电网系统中由装机容量1300MW的峡阳海上风电场、装机容量400MW的峡沙海上风电场、装机容量300MW的蕴阳海上风电场三个海上风电场组成。具体包含一座新能源500kV陆上升压站，2座220kV陆上开关站，4座220kV海上升压站，315台大容量海上风电机组，近600km海底电缆等。

三峡阳江沙扒海上风电场由三峡集团区域投资主体——三峡珠江发电有限公司成立的广东区域集控中心作为运行维护责任主体，并依托三峡集团内部海上风电专业运行维护主体——三峡新能源海上风电运行维护江苏有限公司具体开展专业化运行维护。即采取“两集中”模式，由广东区域集控中心（以下简称“集控中心”）负责集中运行和由三峡新能源运行维护公司阳江项目部（以下简称“阳江项目部”）开展集中检修，做到各司其职、分工明确、相互协作，专业运行维护。

三峡阳江沙扒海上风电场（见图6-1）主要设备包含：国内新能源场站首座500kV陆上升压站和两座220kV陆上开关站；4座220kV海上升压站，其中峡阳B海上升压站单体容量90万kW为当时国内最大、重量最轻的海上交流海上升压站；2台500kV变压器，单机容量达90万kW为全国新能源场站之最；315台风力发电机组包含直驱和半直驱，容量涵盖5.5MW、6.45MW、7MW、8.3MW，其中168号风机为全国首台抗台风型漂浮式机组；共计73回35kV集电线路分别接入对应的海上升压站再通过9回220kV海缆接入陆上集控中心，最后送出至220kV阳江汇能站和500kV阳江鹅凰开关站。

6.1.1 总体布置情况

峡阳海上风电场（1300MW），配套建设1座500kV陆上升压站（即峡陆升压站），2座220kV海上升压站，峡阳A海上升压站配置2台220kV主变压器，单台容量24万kVA，共48万kVA；峡阳B海上升压站（目前是国内最大的海上交流升压站）配置3台220kV主变压器，单台容量30万kVA，共90万kVA。海上风电场共安装199台风力发电

图 6-1　三峡陆上集控中心

机组，由 45 回 35kV 集电线路汇集至海上升压站，通过 5 回 220kV 海缆（分别是峡阳甲线、乙线、丙线、丁线、戊线）接入陆上升压站，经菩提海上风电场菩凰线送出。

峡沙海上风电场（400MW），配套建设 1 座 220kV 陆上开关站（即峡沙开关站），1 座 220kV 海上升压站（即峡沙海上升压站），配置 2 台 220kV 主变压器，单台容量 24 万 kVA，共 48 万 kVA。海上风电场共安装 70 台风力发电机组，由 16 回 35kV 集电线路汇集至海上升压站，通过 2 回 220kV 海缆（分别是峡沙甲线、乙线）接入陆上升压站，经尚洋湾海上风电场尚汇线送出。

蕴阳海上风电场（300MW），配套建设 1 座 220kV 陆上开关压站（即蕴阳开关站），1 座 220kV 海上升压站（即蕴阳海上升压站），配置 2 台 220kV 主变压器，单台容量 18 万 kVA，共 36 万 kVA。海上风电场共安装 46 台风力发电机组，由 12 回 35kV 集电线路汇集至海上升压站，通过 2 回 220kV 海缆（分别是蕴阳甲线、乙线）接入陆上升压站，经峡阳海上风电场蕴峡线送出。

电气主接线图以峡阳海上风电场为例进行展示，如图 6-2 所示。

6.1.2　主变压器

目前全国新能源场站中容量最大的变压器为 500kV 峡陆升压站中的 1 号、2 号主变压器，其具体参数详见表 6-1，500kV 主变压器停电检修如图 6-3 所示。

6.1.3　风力发电机组

三峡阳江沙扒海上风电场的风机机型采用明阳智能生产的半直驱永磁同步发电机组和金风科技、东方电气生产的永磁直驱风力发电机组。其中，明阳智能采用低速比齿轮箱和主轴一体化设计，驱动中速永磁同步发电机；金风科技和东方电气采用高速永磁同步发电机，这两种机型充分吸收行业内海上风电机组设计的成功经验，简化整体结构，缩短传动链，最大限度提高机组的可靠性和传动效率；采用永磁铁励磁，设计结构紧凑，载荷分布

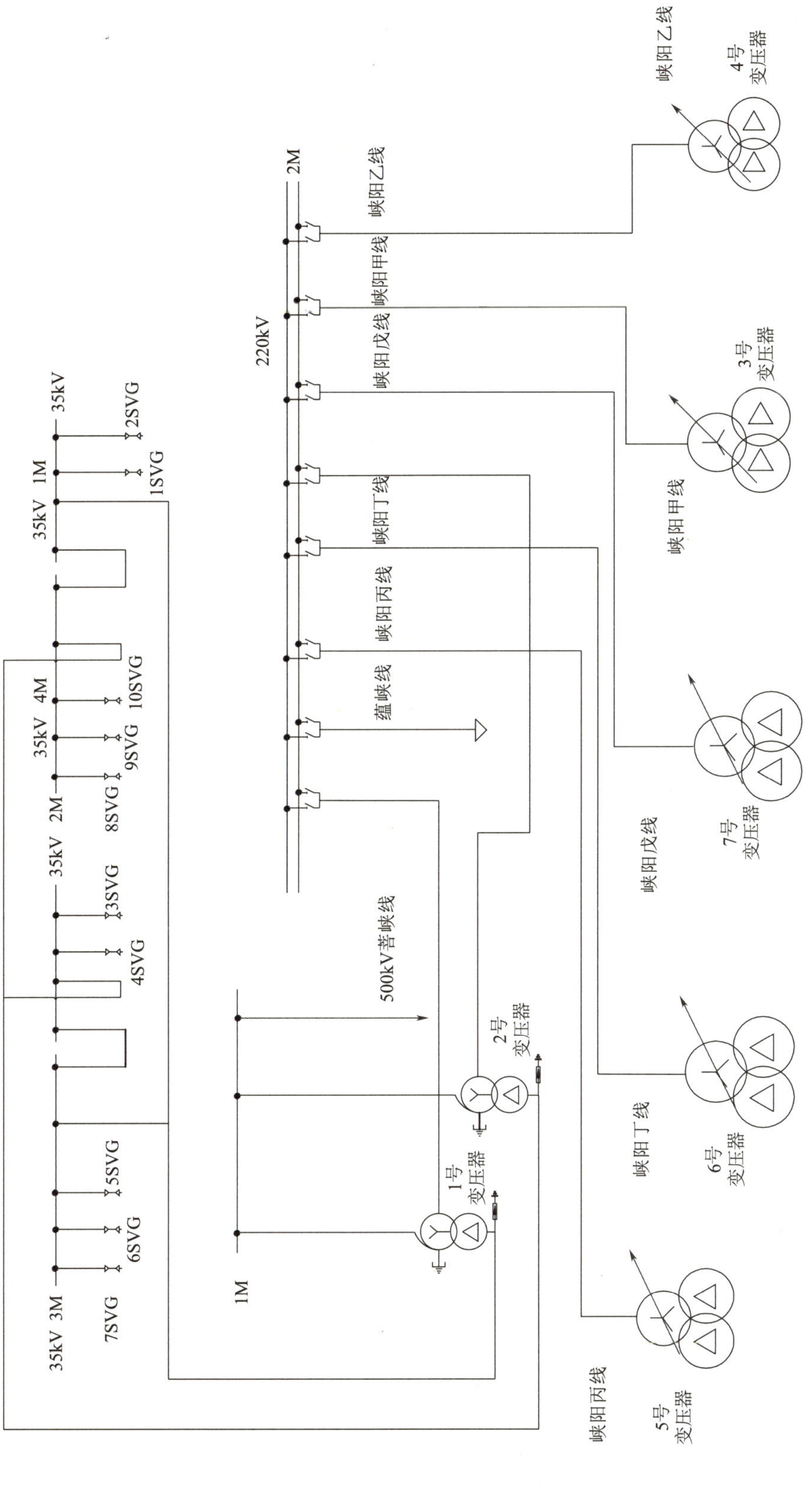

图 6-2　峡阳海上风电场接线示意

合理，省去励磁系统，减少励磁损耗，提高发电机效率，实现发电机免维护，且适应阳江海域风能资源特性，有出色的抗台风能力。三峡阳江沙扒海上风电场布置如图 6-4 所示，具体重要参数见表 6-2 风力发电机组参数。

表 6-1　500kV 1 号、2 号主变压器设备参数

名称	参数	名称	参数
产品代号	1TBEA. 710. 10420	空载电流（%）	0. 08
型号	OSFPS-900 000/500kV	变压器总损耗（W）	1200/900/860
额定容量（kVA）	900 000/9 000 000/300 000	变压器油	克拉玛依变压器油（25 号）
额定电压（kV）	525±4×1. 25%/230/36	生产厂家	衡阳特变公司
额定电流（A）	989. 7/2259. 2/4811. 3	连接组别	YNa0d11
负载损耗（kW）	990/690/650	频率	50Hz
偏差（%）	+0	冷却方式	ODAF
短路阻抗（%）	12/45/30	噪声水平	小于 70dB
空载损耗（kW）	210	安装地点	户外
偏差（%）	+0		

表 6-2　风力发电机组参数

项目名称	型　号	叶轮直径（m）	传动形式	数量	并网容量（MW）
蕴阳海上风电场	MySE6. 45-180	178	半直驱	44	283. 8
	MySE8. 3-180	178		2	16. 6
峡沙海上风电场	MySE5. 5-155	158		55	302. 5
	MySE6. 45-180	178		15	96. 75
峡阳海上风电场	MySES5. 5-155（浮式）	158		1	5. 5
	MySE6. 45-180	178		93	599. 85
	GW171/6450	171	直驱	62	399. 9
	DEW-D7000-186	184		43	301

6. 1. 4　无功补偿装置

因风能具有随机性和间歇性特点，且三峡阳江沙扒海上风电场的并网容量达百万千瓦，为保障并网电能质量、增强电网的运行稳定和安全性，峡阳海上风电场配置 10 套南京南瑞继保（以下简称“南瑞继保”）电气有限公司生产的动态无功补偿装置（SVG），型号为 HSVG-GL-Y35/40，单台容量为 40Mvar，如图 6-5 所示。目前场站 SVG 装置运行稳定，月投入自动可用率基本保证在 98% 以上；作为场站耗电大户，峡阳海上风电场 SVG 装置平均每月耗电量约 35 万 kW · h，占发电量 0. 18%，占综合厂用电量 2. 76%，在节假日、夏季用电高峰期间多次配合参与电网进行电网电压调节。

图 6-3　500kV 主变压器

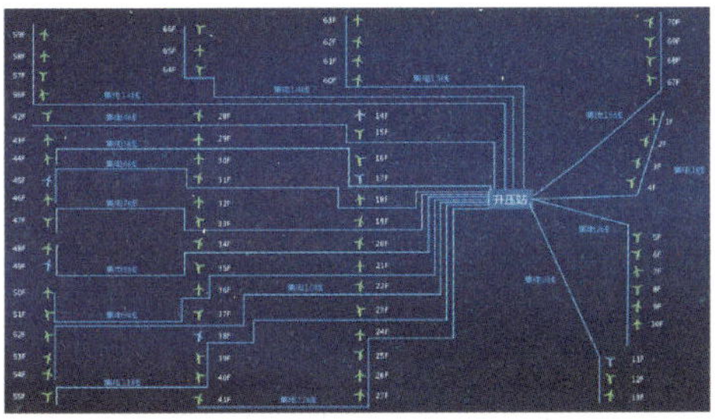

（a）

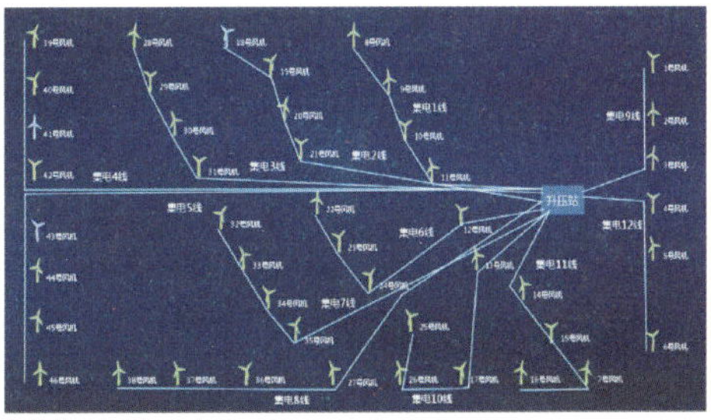

（b）

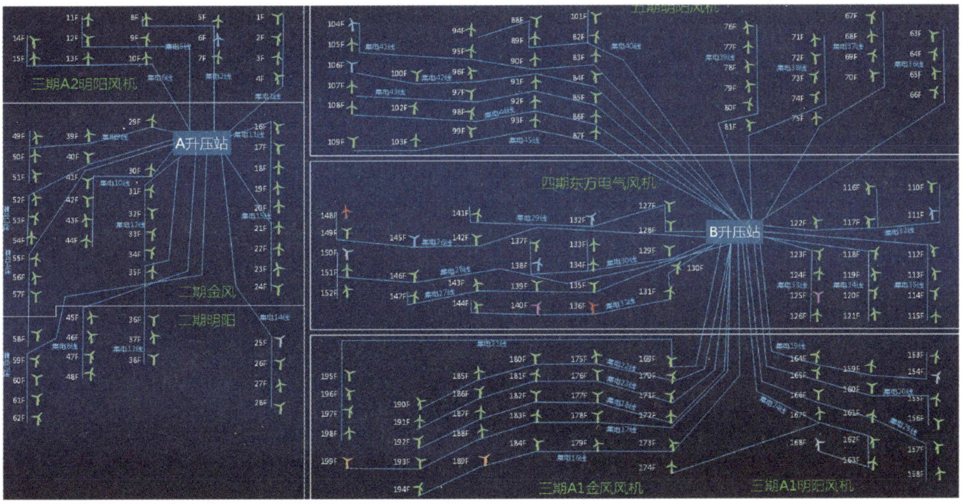

（c）

图 6-4　三峡阳江沙扒海上风电场布置

（a）峡沙海上风电场（400MW）；（b）蕴阳海上风电场（300MW）；（c）峡阳海上风电场（1300MW）

图 6–5　SVG 装置“群”

6.1.5　储能科研示范项目

三峡阳江沙扒一期海上风电项目 30MW/30MW · h 储能电站项目是三峡阳江沙扒一期海上风电项目的配套电化学储能电站工程，是国内首个海上风电与储能联合建设的科研示范项目，具有较强的示范效应，该项目可缓解广东西部电网调峰调频压力，提高系统运行灵活性；提供保底电源支撑，加强区域供电可靠性，增强阳江地区应对台风等极端天气下的电网抵御能力；改善海上风电机组出力，响应国家“多能互补”发展政策，促进新能源电力消纳。

储能电站共 20 个集装箱，包括 18 个电池 PCS 集装箱、1 个中控箱、1 个高压箱（见图 6–6）。电池采用的是目前行业较为稳定可靠的磷酸铁锂电池，采用 1C 倍率，25℃常温下放电深度 100%，循环次数大于 6000 次。

图 6–6　阳江储能科技示范项目

储能电站分 6 套储能单元，每套容量 10kV/5MW/5. 25MW · h，由 3 台单相电池集装箱组成（每台电池集装箱分别代表 A、B、C 三相），电池组通过串并联方式接入 PCS，再由 PCS 单元串并联直接升压至 10kV，通过 10kV 母线汇流后经变压器升压至 220kV 接入峡沙海上风电场 220kV 母线。

6.1.6　区域集中监控系统

新能源电站远程集控系统是三峡能源实现“远程集中监控、现场无人值班（少人值守）、区域自主检修、统一规范管理”运行维护模式的主要抓手。广东区域集控中心主站采用南瑞 PCS-9700 型装置。通过搭建由各电站子站、集控中心主站组成的区域集控系统，将各个电站不同生产厂家、不同型号设备纳入一体化管理平台，整合操作、监视、数据存储、各类数据处理等功能，实现主要系统联动。加强各设备与监控系统之间的兼容性和稳定性，提高各场站运行的自动化程度，降低生产运行成本，为开展广东区域大规模海上风电运行维护模式探索、陆上光伏大基地生产技术创新管理、创一流构建全新数字化信息管理平台积累经验。广东区域集控中心于 2022 年 10 月建设完成，主要包括集控中心侧和子站侧软硬件设备、操作系统、辅助材料设备的调试、安装，以及中控室平面布置调整等配套服务。

6.2　集中运行管理

集中运行管理的职责是对三峡阳江沙扒海上风电场所管辖的机电设备进行操作控制、监视控制、预测分析、巡视检查、事故处理与应急维护等，从而保证三峡阳江沙扒海上风电场的机电设备安全、稳定、经济运行，实现最大经济和社会效益。

6.2.1　集中运行管理方式

6.2.1.1　电力生产安全情况

三峡阳江沙扒海上风电场运行人员坚持“安全第一、预防为主”的方针，认真落实安全生产各项要求、措施，扎实开展各项工作。自 2019 年 12 月海上风电场首批机组建成投运并接受调度指令以来，未发生人身伤亡事故，未发生重大设备责任事故。

2022 年总共签发各类工作票总计 6000 张，其中电气一种工作票 129 张，电气二种工作票 687 张，风机工作票 4155 张，动火工作票 50 张，安全执行操作票 979 张；通过现场设备巡视与远程视频巡视相结合及时发现并消除设备缺陷 268 次，成功应对热带气旋、短时强对流天气、“土台风”、台风等恶劣天气，有序撤离船舶 300 余次、人员 1500 余人次。扎实开展防汛防台风、防地震和火灾事故等各类应急演练 29 次，成功应对 4 次正面登陆广东的台风和 2 次全省范围的强降雨。深入排查建设现场和运行场站安全隐患，共开展安全检查 10 余次、安全自查 40 余次。全面加强安全宣传教育工作，组织 12 次专题教育培训，累计参培人数超 600 人次，系统提升安全生产管理水平。

集控中心运行人员加强对运行设备的管理，强调运行人员杜绝运行误操作，杜绝重大设备缺陷漏检；通过运行人员对所管辖的机电设备运行方式的制定及巡回检查（见图 6-7），同时引入了智能机器人帮助运行人员海上远程巡检及时发现设备缺陷，正确处理电力系统事故和设备事故，填报综合日报表、值班日志及电量报送，以及生产情况统计、报送、发布，保证发电设备的安全、可靠、高效运行。

（a）

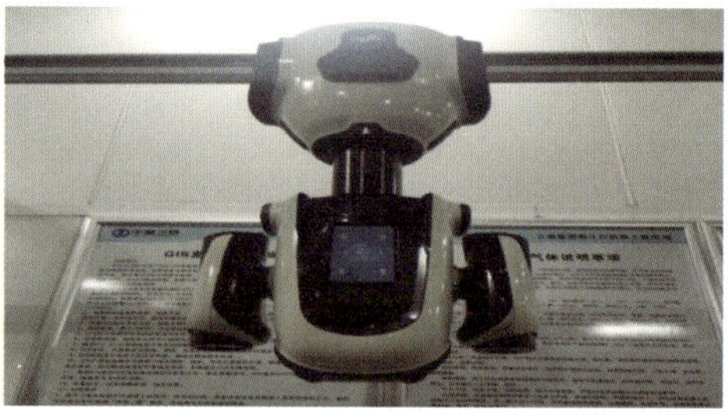

（b）

图 6-7　海上风电场设备日常巡视检查

（a）运行人员日常巡视；（b）智能机器人巡视设备

6.2.1.2　运行值班的集中控制

集控中心配集控负责人 1 名、总值长 1 名，设置 6 个值，每值设置 4 人，其中值长 1 名、值班员 3 人。实行 24h 值班制，实行“五班三倒”+“巡操班”模式（五个值参与 8h 工作制倒班，一个值作为巡操班并 24h 待令），白班（8:00—16:00）、中班（16:00—23:00）、夜班（23:00—次日 8:00）三班轮流值班，每值提前 20min 交接班，在中控室主要负责调度联系、运行方式制定、操作命令下达、生产协调等工作。运行值班人员为安全生产的责任者、安全措施的执行者，以及作业条件的提供者、作业风险的控制者、在线检修的协调者。监屏主要内容如图 6-8 所示。

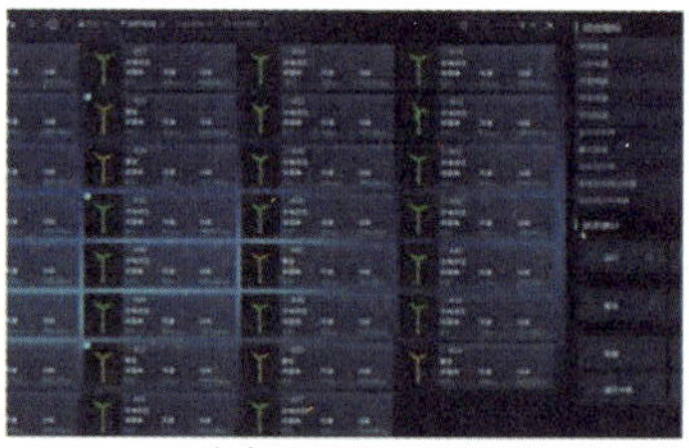

风电机组CADA页面

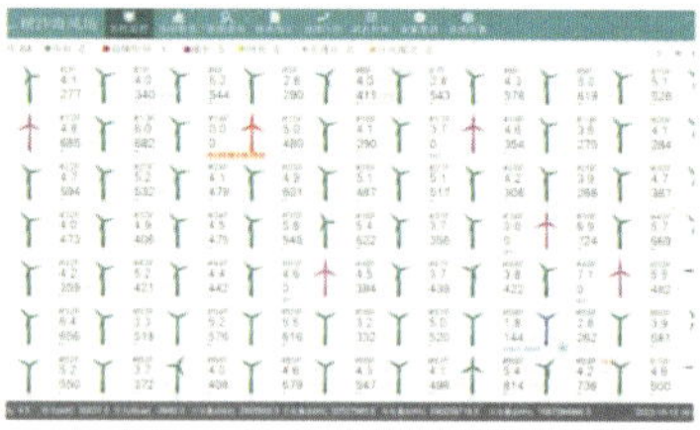

风功率曲线

集控后台

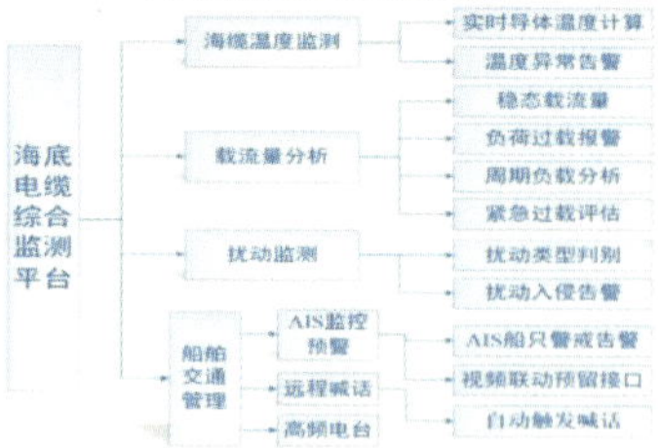

海缆监测系统

电网调度系统

图 6-8　监屏主要内容

6.2.1.3　联合值班制度

当前海上风电场尚在质保期内运行，风机设备制造商按照合同提供运行维护服务，在发生任何突发事件时均应进行及时和有效的处理。目前，集控中心采取运行人员和检修人员及厂家“联合值班”方式，将突发事件的影响降到最低。

联合值班人员包括集控中心的当班运行值班人员、巡操班值班人员和检修人员，其中巡操班值班人员除了在必要时协助当班运行值班人员完成运行操作、诊断运行分析外，还需要与值班人员、检修人员共同快速处理突发事件。此外，集控中心定期抽调人员参与出海检修学习。通过推行联合值班，大大提高了应对突发事件时的反应速度和处理能力。

6.2.1.4 “两票三制”

三峡阳江沙扒海上风电场按照《电业安全工作规程》、运行规程和检修规程的要求，利用新能源电力生产管理系统落实操作票、工作票制度，实行运行维护工作的规范化管理。不断完善以“两票三制”（操作票制度、工作票制度、交接班制度、巡回检查制度和设备定期试验与轮换制度）为核心的规章制度，为三峡阳江沙扒海上风电场的长期稳定运行筑牢基础，如图 6–9 所示。

交接班制度是电力生产中“两票三制”中重要的组成部分，是适应电力生产连续性的要求，保证设备运行责任人转移过程中电力生产过程的有效延续。交接内容以规定的值班日志记录为准，值班日志包括危及设备安全的故障，当值进行的故障抢修工作，当值设备异常及处理情况，当值发生的一次设备、二次设备及系统运行方式变动情况，电网波动及与调度的联系情况等。交接单由广东区域集控中心自主设计，充分展示了各项记录之余还补充了相应的企业文化，增加交接单的艺术感，具体交接单如图 6–10 所示。

6.2.2 发电管理

自 2021 年全容量并网以来，本着尽快消除全容量并网带来的各类设备缺陷，全力提升海上风电场发电出力和可利用水平，风功率预测系统如图 6–11 所示，以精益生产为目标，进行发电管理。

6.2.2.1 发电效益

海上风电场投产以来，已累计发电 70 余亿 kW · h。对发电量影响有多方面因素，第一，是台风可能对海上风电场年度发电量造成一定的损失；第二，2023 年，整体呈现小风年的趋势；第三，由于尾流效应，海上风电场整体风速从 2020 年的 7.46m/s 降至 2022 年的 6.41m/s，衰减幅度 14.15%，导致海上风电场内上游风机发电量较高，下游风机风能资源逐排衰减。

现场人员加入“一机一策、偏航偏置、主动转矩控制”等风机控制策略，改善尾流导致的风能资源分布不平均和衰减问题，同时也为后续海上风电场大规模连片开发设计积累相关经验。

6.2.2.2 发电策略

依托生产数据，电力生产管理系统，由电力生产人员结合生产实践经验，每日进行设备发电量统计，确定设备关注焦点；每周或每月进行关键指标分析，确定设备日常运行策略及调整检修方案；开展季度和年度设备性能分析，对可能影响海上风电场安全运行，高效发电的潜在问题进行分析研究，根据异常征兆，提前发现重要设备缺陷并及时上报处理，提高海上风电场发电量。

图 6-9 “两票三制”

通过对相关特征参数的长期跟踪，得出设备相关环境下的运行规律，发现设备可能存在的潜在隐患；通过对相关特征参数的短期跟踪，得出设备当下状况的控制点和需要采取的控制措施。

通过对生产过程中设备的运行方式进行分析，通过对设备运行安全、可靠性及稳定性的分析，优化当前运行方式，使设备在健康状态下运行环境最优，实现效益最大化。

6.2.2.3 台风期发电举措

为了应对每年 6 月至 11 月影响南海海域的台风、强对流天气和热带气旋，三峡阳江沙扒海上风电场制定了贴合于场站实际情况的场站级防汛防台风应急工作指导手册。指导手册主要包含三个阶段的工作，台风来临前的预防和预警、台风过境时的应对、台风过境

集控中心值班交接单

一、集控后台及各系统告警情况　　（2023 年 07 月 06 日 08:00 夜班）

时间	场站	描述	原因
7 月 3 日	峡沙升压站	激光雷达通讯故障	应星星已出海处理，通讯已恢复

二、设备运行情况

风场名称	限功率运行	厂家	故障停机	通讯中断	计划检修
峡沙海风场（70）	3	明阳	6	0	0
峡阳海风场（197）	1	明阳	6	0	0
	0	金风	1	0	0
	1	东气	2	0	0
蕴阳海风场（46）	0	明阳	3	0	0
桔子塘风场（23）	0	远景	0	0	0
风场合计	5	/	18	0	0
金煦光伏电站（749）	0	阳光电源	0	0	0

三、本值定期工作

集控电话测试	√	日常巡视	√	日安全例会	√
缺陷记录	√	小鱼系统测试	√	现货申诉	√

四、辅控系统（阳江沙扒）

消防系统	运行正常
视频监控	运行正常
暖通系统	运行正常
海缆监测	运行正常

五、风功率预测系统（阳江沙扒）

	峡沙海风场（%）	峡阳海风场（%）	蕴阳海风场（%）	桔子塘风场（%）
短期	38	56	/	/
超短期	38	56	/	/
中期	42	51	/	/
两个细则（峡沙、峡阳）	6 月份是否已申诉	是否全部通过	考核情况	公告查看
	已申诉	-	-	已查看

六、调度业务及涉网单

七、重要交代事项交接

一票执行情况	无
重要操作交接	1、三峡能源突发事件报送抽查还再继续，如有抽到，第一时间联系运维公司蓝俊逸和珠江公司计宏益。
重要事情交接	每日白班到峡沙继保室抄上一天峡沙（012、014、016、018、020）5 个表分时电量每小时电量数据。

八、工作交接签字

交班人：________________

接班人：________________

安全规范意识　电网为重意识　生产经营意识

市场导向意识　争创一流意识　专家专业意识

图 6-10　值班交接单

后的工作。当台风预警信息发布之后，三峡阳江沙扒海上风电场将按照指导手册采取下列行动，做好防汛防台风准备工作的同时利用台风应发尽发、多发满发。

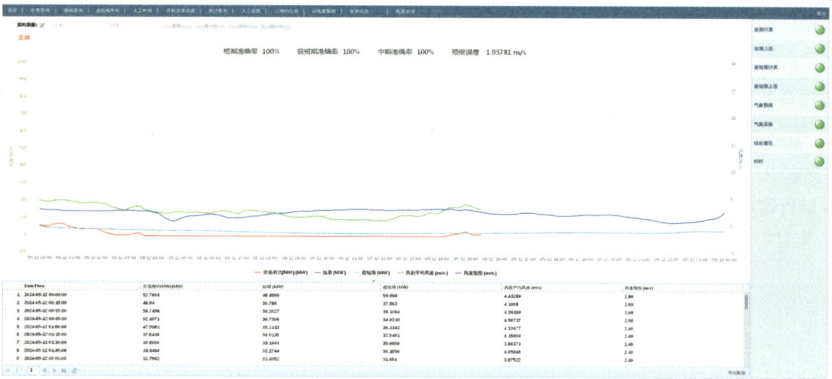

图 6-11　风功率预测系统

（1）预防和预警

1）三峡阳江沙扒海上风电场应时刻关注台风路径、政府及气象部门发出的预警信息，定时在工作群内发布台风相关信息。

2）组织协调场站及厂家运行维护人员对全场机组按照《台风前检查表》进行安全检查并记录存档，确保变桨电池、超级电容健康状态良好，液压变桨系统蓄能器压力充足，塔筒门、机舱盖板、机柜门关闭，机组备用柴油发电机能正常投入运行。

3）完成全场机组防台风测试工作，确保 SCADA 台风模式可正常启动，编写防台风操作手册及录制操作步骤视频并宣贯试操作，确保运行维护人员个个都会防台风应急操作。

4）集控中心根据气象预测信息和风功率预测系统预测台风过境期间三峡阳江沙扒海上风电场负荷趋势。

（2）台风过境

1）根据气象软件预测信息，统筹集控中心以 3h 为间隔预测 24h 的海上风电场出力情况，避免出现频繁复位起机或长时间停机的情况发生。

2）通过监控定期对峡沙开关站、峡陆升压站进行巡视，检查设备运行、积水等情况，发现异常及时汇报处理，加强辅控系统的运行数据分析，发生异常情况后应及时进行数据、视频备份工作。

3）通过海缆监测系统关注海上风电场海域内船舶动向，海缆在线监测系统运行状态，发现异常船舶闯入或抛锚及时向领导及海事部门汇报相关情况。

4）安排专人联合厂家技术人员组建防台风专项技术小组，发生故障时能在现场及时分析故障，评估是否能及时复位运行，从而减少故障停机时间，提升发电量。

5）对全场风机运行情况进行 24h 监测，并对风速、风向、功率、温度、压力等重要数据及故障情况进行统计分析，对异常情况及时进行汇报并通过视频、录音、照片等方式进行记录存档。

（3）台风过境后的工作

1）与海事部门保持良好沟通，关注政府、海事部门发布解除应急响应的通知，遵守当地政府部门的各项规章制度，如政府、海事部门不发可以出海的通知，在未得到上级部门、单位许可的条件下不随意出海。

2）对 4 座海上升压站、陆上集控中心及全场机组进行台风后的巡检工作，对发现的问题及时进行记录、填报，相关信息填报要详细，包括设备型号、厂家、损坏地点、部位等，评估整体损失，并及时安排专人采购、更换。

3）对漂浮式机组开展特巡工作，对塔筒螺栓力矩进行抽检，对浮体进行检查，对漂浮式机组抗台风前中后期的运行数据进行分析、总结。

4）对台风期间机组异常运行数据进行分析、汇总，对台风后消缺工作中消耗的备件进行记录，并协调补充备件进行存储。

5）台风后机组运行，时刻关注机组振动曲线、大部件温升，若出现振动大、温升快等情况须立即停机检查。

6）通过数据分析，核实机组防台风策略是否正常执行，存在异常情况应及时进行优化。

（4）台风应对典型案例

2022 年 7 月 2 日，第 3 号台风“暹芭”在三峡阳江沙扒海上风电场附近海域登陆，该台风强度大、范围广，影响时间长。台风前，峡沙海上风电场正常运行，项目所属的峡阳海上风电场、蕴阳海上风电场正在配合相邻海上风电项目 500kV 接入系统工程启动工作，处于全场停电状态。台风过后，尽快恢复送电，在海事部门允许出海后，查明海上风电场海上设备受损情况成为工作中的重中之重。

7 月 3 日，三峡阳江沙扒海上风电场立即组织运行维护人员对陆上集控中心及海上升压站电气设备进行专项特巡，经检查设备状态正常。7 月 5 日，正式启动 500kV 接入系统工程送电。7 月 7 日，完成三峡阳江沙扒海上风电场送电工作。

7 月 7 日，三峡阳江沙扒海上风电场组织运行维护人员凌晨出海，安排了 40 位人员、4 条船只、10 个工作面，对全场风机基础、叶片、导流罩、防水等进行特殊巡视，7 日晚峡沙海上风电场成功恢复并网发电。由于天气原因，送电工作完成后，全员连夜返港。

根据风机特巡情况及场内设备送电进度，海上风电场优化了 35kV 集电线路及风机送电工作方案，方案确定本次 35kV 集电线路送电前应对 35kV 海缆进行绝缘测试，升压变压器、海缆接入端进行外观检查，风机起机前必须完成特巡，检查完毕恢复送电。7 月 10 日下午，阳江海域海况允许出海，恢复海上作业，项目安排 35kV 相关工作。7 月 13 日，完成全场 35kV 集电线路及风机送电工作。

三峡阳江沙扒海上风电场恢复送电操作情况见表 6-3。

表 6-3　三峡阳江沙扒海上风电场恢复送电操作情况

电压等级	操作开始时间	操作结束时间	操作票数量	电网方案操作数量
500kV（母线及其设备送电）	07-06 06:00	07-07 04:00	12	2
220kV（母线及其设备送电）	07-06 12:15	07-11 00:52	27	11
35kV（母线及其设备送电）	07-05 13:01	07-13 16:40	123	7

此次应对台风，中国南方电网有限责任公司（以下简称“南方电网”）在项目恢复并

网方面给予了三峡阳江沙扒海上风电场超常规的支持，加快方案审核定稿，优化送电方案，第一时间紧急组织召开了500kV接入系统工程送电启动协调会，对启动方案进行修改；阳江供电局克服恢复送电方案调整内容较大和涉及电网安全稳定运行的内容较多等困难，仅用一夜即完成了修改报审工作；南方电网、广东电网有限责任公司（以下简称“广东电网”）两级电力调度控制中心仅用一天一夜即完成了方案审核审批工作，对南方电网、广东电网的感谢信如图6–12所示。

中国长江三峡集团有限公司广东分公司文件

三峡粤函〔2022〕9号

感 谢 信

中国南方电网电力调度控制中心：

近期3号台风“暹芭”在南海海域登陆，该台风强度大、范围广、影响时间长。7月2日15时，台风中心距离三峡沙扒海上风电场最近20公里左右，风场大风持续时间超20小时，是2017年以来影响最大、持续大风时间最长的台风。

台风来临前，为配合华电青洲三海上风电项目500kV接入系统启动，按照统一安排，三峡完成了对峡阳海风场场内全部500kV陆上电气设备、部分35kV海上电气设备及风机的停电操作。台风期间，某船舶因台风失控进入三峡峡沙、峡阳海风场停电区域，导致部分海缆和风机设备受到了影响和损坏，而停电状态也使我们无法在第一时间利用相应的技术手段排查故障和损失。

台风过后贵中心领导得知三峡面临的紧急情况和现实困难后，急三峡之所急、想三峡之所想，加快审批手续办理，优化审批流程设置，第一时间部署、指挥，在调度中心一线同志们24小时不间断、高效严谨的调度下，三峡峡阳海风场停电线路较计划提前三天恢复并网，为台风过后尽快对场内停电设备开展排查赢取了宝贵时间，为后续相关工作开展提供了坚实保障，同时也为政府开展台风应急工作提供了能源保障。

在此，特向贵中心表示衷心的感谢！在今后的工作中，恳请贵中心一如既往地支持三峡集团广东分公司，特别是在新能源项目安全并网运行等方面给予更多指导，共同携手为大湾区清洁低碳、安全高效的现代能源发展作出更大贡献！

中国长江三峡集团有限公司广东分公司

2022年7月15日

— 2 —

图6–12　对南方电网各级单位的感谢信

6.2.2.4　现货交易情况

2022年12月1日，广东电力交易中心印发《广东新能源试点参与电力现货市场交易方案》。2023年4月，公司所辖峡沙海上风电场进入广东电力现货市场试运行，5月起正式结算，正式结算运行逾100d，为海上风电场积极参与广东电力市场现货交易积攒了宝贵经验。

6.2.3 百万级海上风电场运行面临的挑战

相比于陆上风电，海上风电作业环境恶劣，受风浪、台风、风暴潮、团雾、雷雨等恶劣天气影响明显，导致交通运输困难、海上作业窗口期短、运行维护难度较大。对于大部件的维修更换，海上风电需要使用专用船舶进行作业，成本相较于陆上风电更高。盐雾腐蚀、海洋附着生物等因素会影响风电机组基础的稳定、设备防腐要求高，海上风电运行维护需要开展专业性强、工作量大的防腐工作。此外，海上风电作业风险大、环境复杂，对人员的技术水平和技能资质要求更高。海上风电运行维护人员需要接受系统的培训，不仅要具备电气、机械等专业知识，同时还要有海洋水文气象相关知识；不仅要取得电工证、登高证等特种作业资质，还应掌握海上求生、海上自救、船舶靠泊等基本技能。海上风电与陆上风电运行维护特点对比详见表6–4，直观清晰地表达陆风与海风的区别。

表6–4 海上风电与陆上风电运行维护特点

风电类型	天气影响情况	作业窗口期	交通工具	可达性	防腐工作	大部件更换设备	运行维护成本	人员要求
陆上风电	一般	长	车辆	好	无特殊要求	吊车	较低	电气、机械、设备运行原理等专业知识，电工证、登高证等
海上风电	影响非常大	短	船舶	差	要求高	吊装船	高	电气、机械、设备运行原理等专业知识，电工证、登高证，海上求生、海上自救、船舶靠泊等

（1）规模化海上风电场对风能资源特性了解能力仍待提升

阳西沙扒海域分布了三峡阳江沙扒、广东华电阳江青洲三、广东粤电阳江沙扒等海上风电项目，且规模仍在逐步扩大，随之带来了风能资源与风功率预测的双重挑战。随区域海上风电场规模增大，其内部各风力发电机组的风能资源分布表现也更加不均匀，导致预测难度增大。同时数学模型无法在短时间内适应本地的地理特性，导致预测准确率偏低，以中期准确率表现最为明显。为了修正预测偏差，现场人员结合Windy、全球潮汐、国能日新等天气预报和功率预测的多方数据，以人工干预、统计的方式来预测风能资源和风功率。但风机数量过大、分布过散导致工作难度增加，因此，在全容量并网后的很长一段时间，现场数据工程师都在疲于清洗、修正数据，优化数学公式。

（2）设备点多专业面广，运行维护工作量大

海上风电作业环境的复杂性和恶劣性，决定其必须依赖远程监控和监视等设备设施进行管理。三峡阳江沙扒海上风电场共计315台风机、4个海上升压站、2个陆上开关站、1个陆上升压站及数百公里长的海底电缆，运行工作主要倚靠电气监控、视频监控、消防主机、振动监测、海缆监测、船舶监测等系统。但是过多的监控面给运行人员带来更大的挑战，一方面熟悉现场设备的学习成本增加，另一方面对运行人员在工作上的面面俱到提出了更多的要求。

（3）计划工作难以把握

在海上风电场运行维护管理中，计划管理是以确保出海检修时间为前提，以便可保证

各项工序的稳定施行；还可在强化工作效率的同时，按照天气预测与数据统计相关数值，拟订短期计划、月计划和年计划。但是实际执行过程中，超出预料的恶劣海况、难以精确预测的风能资源，都会对已制订的计划带来严重影响。

6.2.4 事故处理

运行值班负责人当班期间是其管辖设备范围内设备故障（事故）处理工作的指挥人。运行值班负责人按调度指令和现场规程进行处理。故障处理时，运行人员在值长的统一指挥、确保人身安全的情况下立即赶赴故障（事故）设备现场，将设备运行状况和信号、仪表指示、现场环境等情况及时向值长报告，值长分析并判断故障（事故）性质，及时联系维护检修人员检查处理。事故处理原则有以下几个方面。

1）尽快限制故障（事故）发展，解除人身及设备安全威胁。

2）尽力保证站用电。

3）及时报告相关调度、分公司电力生产相关负责人。

4）当故障（事故）现象消除后，运行值班负责人应迅速汇报调度，按调度命令恢复正常运行方式，并做好相关记录。

以下就对 2022 年 12 月 18 日发生可能造成事故的典型应急处理进行简要回顾。

2022 年 12 月 18 日 21 时 45 分现场人员进行设备巡视时检查发现 500kV 1 号主变压器中 220kV B 相至 GIS 套管接线接头处有发热、发红现象（见图 6-13），随即汇集控值班长。此时峡陆升压站 500kV 1 号主变压器所带负荷 22 万 kW、500kV 2 号主变压器所带负荷 32 万 kW，峡阳海上风电场 182 台风机运行正常，17 台风机停机，海上风电场实时风速为 8.2m/s，总有功出力为 54 万 kW；现场进行测温测得 A 相 18℃、B 相 200℃、C 相 18℃，500kV 1 号主变压器所带负荷 22 万 kW。值长将现场情况逐级上报至电力生产与营销部经理处，并立即组织相关技术骨干赶往现场进行检查分析，同时将现象汇报给广东中调，申请将 500kV 1 号主变压器负荷降至 0（峡阳甲线、峡阳乙线出力降至 0），广东中调回复同意，运行维护人员逐步将 500kV 1 号主变压器从运行状态转至检修状态。

图 6-13　接线头发红

停电进行检查中发现接线处螺栓有明显烧灼痕迹，其原因为接线板紧固螺栓松动，导致接线板接触面分离，使得紧固螺栓承担了通流作用，大电流使紧固螺栓发热至烧熔（见图 6–14）。

图 6–14 螺栓烧熔

此次处理过程中集控中心生产运行人员，工作专业认真，与电网方面汇报沟通顺畅高效。通过设备巡视积极主动发现相关问题后处置得当，防止了一起可能的大容量海上风电场意外脱网事故发生。

6.3 集中检修管理

海上风电场因为其特有的运行环境及特点，在生产过程中需要进行设备的集中检修维护工作，以确保设备的正常运行和提高生产效率。因此，应进一步加强对于集中检修的管理。

6.3.1 检修工作的集中管理

三峡新能源运行维护公司成立阳江项目部开展集中检修。检修的职责主要是负责现场值守工作，并及时、准确执行集控中心下达的现场操作指令；负责现场对设备进行巡视、控制、调整、操作、异常处理、应急处置等工作；配合做好设备检修维护工作统计并报送区域管理机构；执行集控中心调度指令，对不具备远程操作的设备进行就地操作，并对远程操作质量进行现场检查、确认。目前，设有 8 个班组，分别为专责班组、海工班组、检修 1～4 班、安全班组和综合班组，精细化做好每项检修工作。

6.3.2 百万千瓦海上风电场检修难点

（1）安全压力和安全风险很大

海洋环境恶劣，如盐碱海浪的侵蚀腐蚀、台风的肆意破坏等，风机被破坏的概率提升，维修的难度也加大。运行维护操作人员在复杂的环境中高空作业，强大的风力使得作业人员承受巨大压力，存在高空跌落的风险；风电设施具有带电的特性，不当的操作也会造成触电事故；运行维护船舶目前专业化程度不够，很多船舶属于传统船舶，在海上强风浪区耐波性差且停泊能力不足，造成海上运行安全风险，也是造成事故的难点之一。

（2）运行维护效率受到各种因素影响

海上风电的运行维护作业受台风、潮汐、团雾、雷雨等恶劣天气影响且海上维护作业的有效时间有明显的窗口期限制，受制于多种因素，现阶段我国海上风电运行维护还处于发展粗放阶段，精细化程度不够，所以存在效率低的问题，维修不及时就会造成发电量的损失。具体原因有以下几个方面。

1）检修模式以计划为主存在滞后性。海上风电运行维护实际操作中仍主要采用和陆上风电一样计划检修为主、故障检修为辅，这种计划性检修为主的检修体制会产生故障发现滞后导致维修不及时。

2）运行维护数字化程度不够，虽然近几年随着工业互联网及大数据应用于状态监测并提前预警，但仍然存在海上风机运行数据孤岛、经验知识库匮乏的问题。

3）交通工具的可达性不够，相比欧洲专业运行维护船舶的使用已较为普遍，我国还属于初级发展阶段，非专业船舶耐波性、可载性难以支撑运行维护计划的有效执行。

（3）专业人员仍需加快培养

海上风电运行维护操作具有一定的技术门槛，需要具备较高素质的风机专业维护人员，对风机状态能够准确掌握，能够判断不同风机的故障，熟悉识别故障数据，同时施工人员还要熟练掌握设备维修和部件更换技能，按照规范标准实施操作。

我国目前缺乏专业的海上风电运行维护团队，海上风电运行维护基本参考陆上风电的经验，操作人员专业素质和维护管理能力不高，工作效率不够，维修周期长。此外，由于整个行业的参与者各自为政，缺乏统一的操作标准和行业培训，专业人才的培育速度跟不上行业规模的扩增速度和发展需求。

6.3.3 出海作业管理

三峡阳江沙扒海上风电场投运风电机组分布海域广，海上作业窗口期短，年平均窗口期仅 120d。2022 年三峡阳江沙扒海上风电场克服海况复杂、疫情波动等难题，严格执行海事监管要求，在保障安全的前提下，全年累计出海 241d、出海人数达 2326 人次、出海船舶 110 余艘，高峰时期单日同时作业面达 34 个、作业船舶 18 艘、作业人员 147 人，为设备的安全稳定运行打下坚实基础。

目前，三峡阳江沙扒海上风电场共管理 21 艘运行维护交通船舶。其中，阳江项目部管理自有租赁船舶 3 艘、明阳智能船舶 13 艘、东方风电船舶 2 艘、金风科技船舶 3 艘。项目部坚守船证合一原则，有效建立船舶监督管理体系，每月开展船舶检查和不定期抽查。对于人员出海严格按照流程进行管理，具体流程详如图 6–15 所示。

6.3.4 机组定期检修

定期检修（以下简称“定检”）是指按照风电机组的技术要求，根据运行时间对风电机组进行定期的检测、维护、保养等，按运行时间制订定检计划，定检工作内容固定，有标准的程序和要求。下面以峡沙海上风电场、峡阳海上风电场首次定检情况进行分析，如

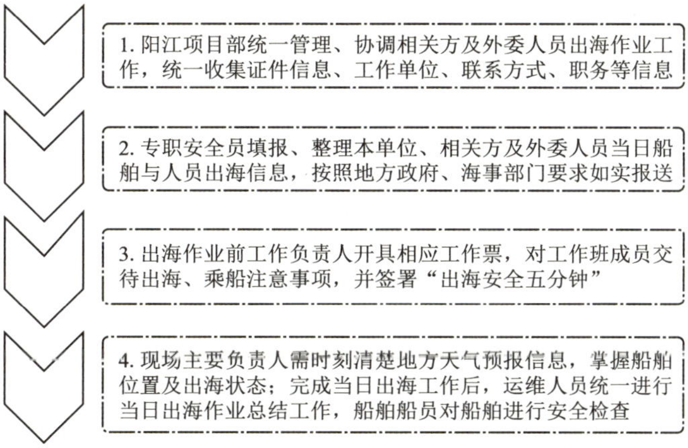

图 6-15　出海流程

图 6-16 所示。

此次定检时间为 2023 年 2—9 月，平均每台风机定检耗时 4d，投入 13 艘船舶固定参加定检工作，参与定检厂家人员 140 人，分为 24 个定检小组，平均每组 6 人。定检项目分机械部分（螺栓维护、通用基本维护、详细维护、部件防腐）和电气部分点检的设备（主控系统、变桨控制系统、发电机、断路器柜、电滑环、风速风向仪、航空灯、振动传感器、偏航变频器、防雷系统、照明系统、UPS、除湿系统）两大类，同时对风机开展性能测试，分别是风机的安全链测试、空转测试、变桨测试、变桨超级电容测试、抗台风模式测试、偏航测试。

图 6-16　运行维护人员参与风机定检

本次定检工作是峡沙海上风电场、峡阳海上风电场全容量并网以来首次“大体检”，对投运后风机的整体情况进行逐一检查、逐一梳理、逐一改正。根据本次定检工作的总结，进一步优化维护工序，未来优先进行机械力矩类、油品保养、传动链维护工作（每组 6 人，分 2 组同时进行，轮毂 1 组、塔筒 1 组进行力矩维护），电气系统测试工作安排技能水平较高的消缺人员在日常巡检消缺中融合完成。对下一机组维护周期要求综合历年年底风况及有限窗口期考虑，当窗口期较长时要求加多作业组，确保 6 月底台风季来临前完成主体维护工作。

6.3.5　风机运行故障分析及处理

故障处理工作是指临时故障的排除，包括过程中的预判、检查、清理、调整、注油及配件更换等，没有固定的时间周期，没有固定的工作内容。对人员的专业技术能力要求比较高，特别是电气、机械、通信方面的专业能力。该项工作也是风电机组运行维护中最具技术性、最富挑战性的一项工作。人是关键因素，人员的工作经验、技术水平、知识储备直接决定了故障处理的速度与效果，直接影响到海上风电场的经济效益。专业的故障处理人员应具备工程师以上的技术职称（或相当经验），或有两年以上同类机型的工作经验。故障处理人员的培养需要较长时间，人员成本相对较高。目前三峡阳江沙扒海上风电场这方面的人员主要由风机厂家、阳江项目部和集控中心组成。

对三峡阳江沙扒海上风电场就2023年上半年的风机故障进行了统计，厂家各系统故障比详如图6–17所示。

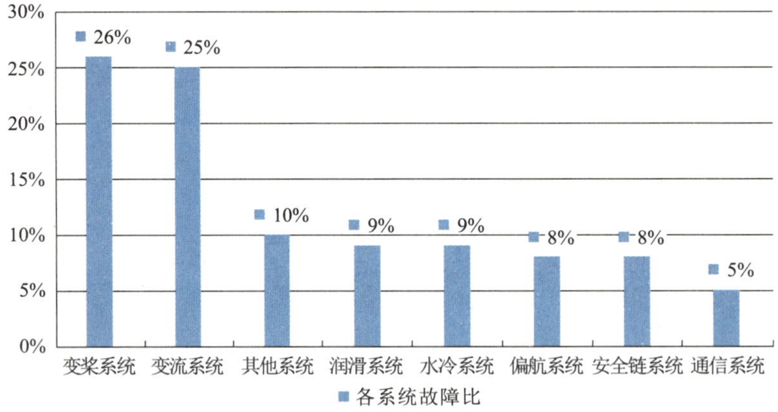

图6–17　厂家各系统故障比

通过对比可发现系统故障主要集中在变桨系统、变流器系统。其中引发故障的绝大部分原因为某个零件属于易耗件，从而导致故障。针对上述情况，采取如下措施。

1）与各厂家保持良好的沟通，深度挖掘故障、问题原因，制定专项整改方案。

2）加强机组巡检，每季度对机组进行巡检，针对故障率高的元器件及部位进行重点检查。

3）增加常用备件储备，每月对消耗备件进行统计，每年对备品备件消耗情况进行分析，对备品备件消耗较多的元器件建立安全库存，及时进行采购补充，避免出现备件不足故障无法处理的情况发生。

4）针对性技术改造，对于批量性故障及时组织专题会，分析故障触发原因，制定技术改造策略、明确时间节点。每天定时组织召开专题会，跟进技术改造进度及技术改造过程中存在的困难及时发现及时沟通解决。

5）每天与各厂家沟通、制定后一天的出海方案，分析故障触发原因，编写故障处理流程及消缺过程中存在的安全风险点，提前开票，准备好故障处理所需的工器具、备品备件，提高消缺效率。

6）每月组织设备分析会，对当月设备运行及故障情况进行可靠性分析，典型故障案例进行学习、宣贯，并对常规性故障制定作业指导手册。

6.3.6　海底扫测管理

三峡阳江沙扒海上风电场所处海域潮汐动力强。流速大，因而潮流冲刷能力及挟沙能力均较大，再加上海上风电场建设对该地区的原始水文地质条件造成侵扰，复杂水文条件会对海底产生冲刷和侵蚀；部分灾害地质及水动力作用也可能会导致海上风电场桩基基础及连接电缆部分局部裸露和悬空在海底。一旦悬空，悬空管线承受内部作用力、外界水压力，以及可能发生的流速产生的震动力的频率和桩基及电缆结构的震动频率接近时导致的共振，最终可能导致结构物及悬空电缆的疲劳破坏；裸露及悬空的管线受到水动力（海浪、海流作用）作用，会造成横向受力增大，使得裸露及悬空区域不断扩大；裸露及悬空的管线更容易受到船只抛锚和渔业作业的破坏。桩基基础被海水冲刷会使基座附近形成一个巨大的冲坑，极大地威胁了风机结构的安全。因此，三峡阳江沙扒海上风电场每年开展两次风机基础及海上升压站基础的冲刷检测（见图 6-18）。以 220kV 海缆路由和 35kV 海缆路由扫测为例，对桩基冲刷坑检测采用多波束测深系统检测风机基础中心位置半径 80m 范围内地形及冲刷情况，确定海底冲刷坑的位置、规模、深度，生成海床及桩基三维模型；冲刷坑超出 80m 范围的应扫测出整个冲坑范围。海缆路由裸露及悬空情况检测，采用多波束测深系统检测海缆具体路由两侧 30m 范围内地形情况，确定海缆路由上的裸露位置、长度及悬空情况。海缆埋深检测，采用参量阵浅地层剖面仪或其他海缆检测设备，沿垂直电缆路由方向进行电缆具体路由位置和埋深情况调查，调查断面间距为 100m。

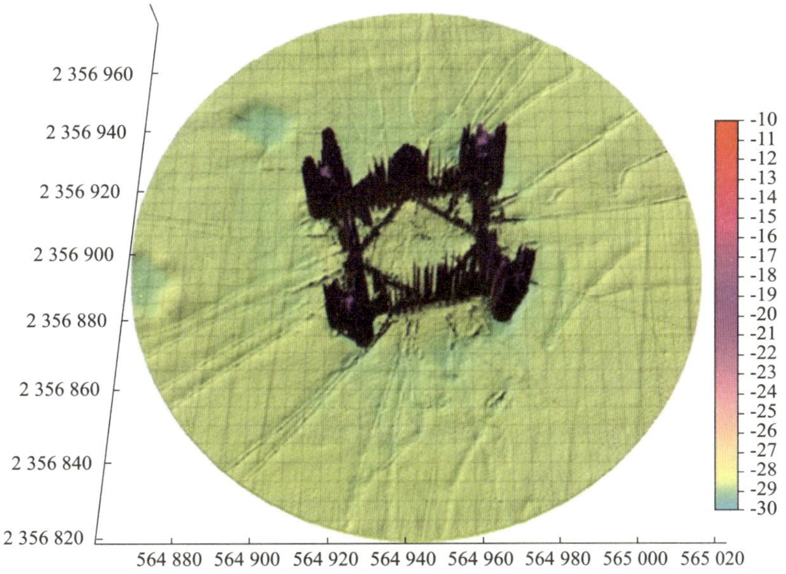

图 6-18 海上升压站基础周边冲刷检测三维效果

根据历年扫测成果对比可以发现海上风电场风机、海上升压站基础和海缆路由冲刷及演变情况。如发现海缆冲刷严重、裸露情况可再采用探摸方式对疑似海缆裸露部分进行复核。加强海缆裸露段的海域监管，并对及时裸露海缆进行必要的防护处理。目前技术水平下，对有一定埋深的海缆进行详尽探测仍有较大的难度，应适当增加大检测投入，采用多种方法相互补充和验证，也可考虑引进新方法，以达到最佳探测效果。

6.3.7 备品备件管理

备品备件管理是设备运行、检修工作的一个重要组成部分，做好海上风电场设备的备品备件管理工作，对于及时消除设备缺陷、防止故障的发生和加速故障抢修、缩短停运时间、提高设备健康水平、保证安全和经济运行十分重要。备品备件管理是一项专业技术性较强的工作，现已设立专、兼职人员管理。备品备件管理实行海上风电场现场储备、管理，为保证安全生产，备件必须根据生产实际和资金情况核定计划和储备，备件应保证随时可以使用，使用后应适时补充，见表 6-5。三峡阳江沙扒海上风电场三峡储备基地如图 6-19 所示。

表 6-5 阳江仓储基地建设进度表

时 间	建 设 进 度
2022 年 9 月	三峡集团发布《中国三峡集团物资储备基地挂牌方案》，方案中明确公司需在阳江建设辐射三个海上风电场的阳江存储基地，三峡珠江公司确定挂牌联系人，开始筹备建设事宜
2022 年 9 月	依照建设标准在原有峡沙海上风电场、峡阳海上风电场、蕴阳海上风电场库房的基础，依照验收标准，开展相关的整改工作，并在 11 月底前完成整改
2022 年 12 月	组织召开了三峡集团第二批物资储备基地建设验收会。阳江存储基地顺利通过验收，同时指出发现的问题的及整改要求
2023 年 6 月	按照三峡集团《关于开展集团公司物资储备清单调整工作的通知》的要求，对存储基地物资清单进行了调整完善
阳江存储基地管理：根据《中国三峡集团物资储备基地管理方案》，需移交三峡物资招标管理有限公司（以下简称“三峡物资公司”）进行管理，目前正配合三峡物资公司进行相关的调研工作。2024 年上半年，开展基地托管的采购工作	

图 6-19 三峡阳江沙扒海上风电场三峡储备基地

现阳江项目部主要负责 5 个库房的管理：风机备件、输变电备件、综合库房、安全库房、工器具库房。日常仓库管理主要包括对物资进行入库、出库和库存盘点，以及统筹等工作。制定备品备件出入库清单、工器具使用记录，利用在线表格方式建立备品备件物资管理清单，分级分类管理，定期做全面梳理排查，同时对常用备件做好分析总结。以2022年三峡阳江沙扒海上风电场风机厂家备品备件使用情况为例，具体情况详如图6-20所示。

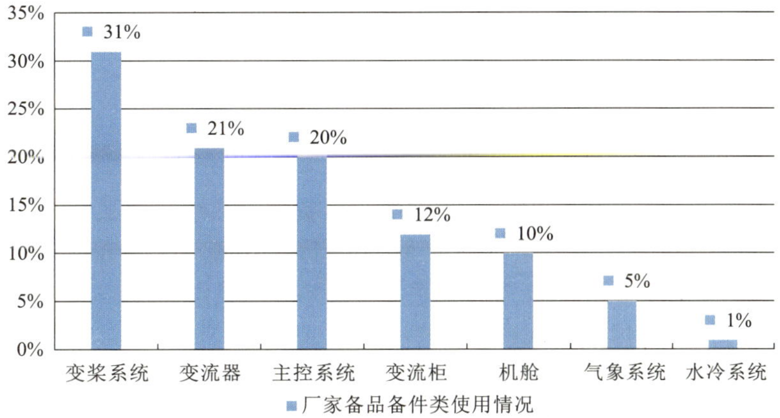

图6-20　厂家备品备件类使用情况

根据以上备品备件消耗量的数据统计、分析情况可以得出，目前三峡阳江沙扒海上风电场厂家机组主要在变桨、主控、液压润滑三个系统备件上的消耗占比较大，借此可以根据具体备品备件损耗量、业务需求、资金占用等生产经济指标合理选择存储备件，避免造成备件库大量的备件积压和库房管理成本增加，进而导致库房备件的管理成本大于设备维修成本的现象。

三峡阳江沙扒海上风电场未来将在做好备品备件管理、使用的情况下，尝试以下备品备件管理新思路，避免出现因备件不足导致的长时间停机情况。

1）深远海、大功率机组在每台风机上建立小型备件库及工作台或在运行维护船上建立备件库，最好是存放一些常规备件的同时在海上风电场机位中心机组存放一些专业性备品备件（大功率机组一定要从并网运行时刻就开始建立全生命周期的一机一档，出海消缺前必须熟知大概率触发故障点位，对经常性消耗备件的故障点应深查原因，故障处理不能只是更换备件）。

2）建立以三峡阳江沙扒海上风电场为依托面向整个阳江海上风电场的备品备件大数据库，与其他业主单位共享备件供货渠道，价格更透明。避免出现因渠道被厂家把持，导致备件价格虚高的情况发生。

3）与附近区域的其他海上风电场建立良好的沟通机制，共享备件数据信息互通有无，有效降低库存、库房的管理成本。

4）推进关键性进口备品备件的国产化，避免出现关键性备品备件的“卡脖子”现象。

5）发挥创新工作室的作用，采用更专业的检测工具，快速排查并修复经济价值高的备品备件，从而有效降低运行维护成本。

6）从被动故障检修到主动预防性维护，在风电机组内装设更多的人工智能设备，时刻监测机组大部件及电气元器件的运行情况及设备“浴盆曲线”寿命周期；在出现坏件或设备使用时限到达后可以智能投入机组冗余设备，提醒运行维护人员在小风空窗期对正常切出或损坏的备件进行更换或维护，做到现场只需建立小型备件库或无备件库的新运行维护模式。

6.4 电网调度管理

6.4.1 调度管辖范围

三峡阳江沙扒海上风电场的运行要面对构建新型电力系统的挑战，做好大电网与规模化海上风电的友好协同，旨在打造电网友好型海上风电场。在南方电网的大力支持下，500kV 粤西开关站提前 3 个月投运，为项目全容量并网提供强力保障。三峡阳江沙扒海上风电场接入粤西开关站具体情况如图 6–21 所示。

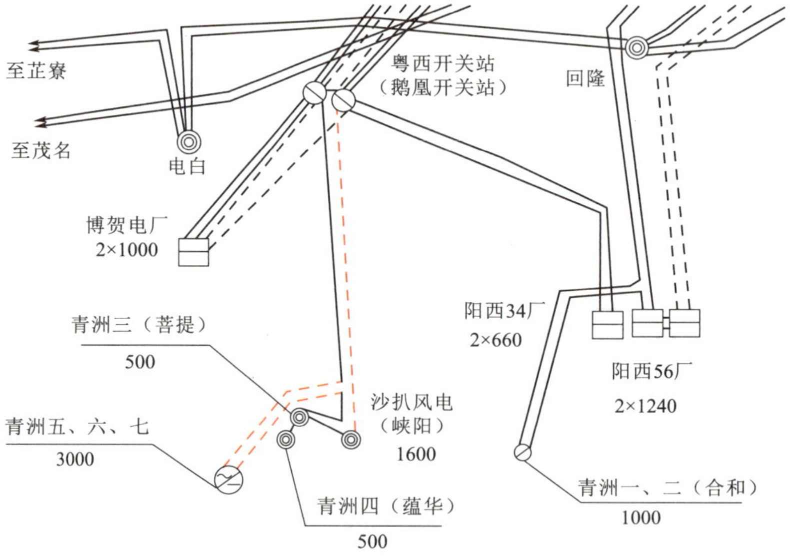

图 6–21 电网连接的网架结构

根据南方电网相关要求，三峡阳江沙扒海上风电场除个别设备外，均由广东中调调度管辖，具体调度管辖情况如下。

（1）广东中调调度管辖范围

500kV 峡凰临线、峡阳海上风电场侧开关及其间隔的所有设备属广东中调调度管辖；500kV 峡凰线鹅凰变电站侧开关及其间隔的所有设备由南网总调调度管辖。

广东中调调度管辖范围有以下线路及设备。

220kV 陆沙联线路、线路两侧开关及其间隔的所有设备；220kV 蕴峡线、线路两侧开关及其间隔的所有设备；220kV 峡阳甲线、线路两侧开关及其间隔的所有设备；220kV 峡阳乙线、线路两侧开关及其间隔的所有设备；220kV 峡阳丙线、线路两侧开关及其间隔的所有设备；220kV 峡阳乙线、线路两侧开关及其间隔的所有设备；220kV 峡阳戊线、线路两侧开关及其间隔的所有设备。

峡阳海上风电场的 220kV 母线及其附属设备、主变压器高压侧分接头开关及其高压侧中性点接地开关。峡阳海上风电场的全部风机（001F～199F）调度通信、自动化、功角监测装置、安全自动装置等二次设备调度管辖范围划分原则与一次设备相一致。

（2）三峡阳江沙扒海上风电场管辖范围

海上风电场厂用电系统及其他除广东中调调度管辖范围以外的其他设备，另有规定不属海上风电场管辖的设备除外，具体管辖范围以并网调度协议为准，并网调度协议范本如图 6–22 所示。

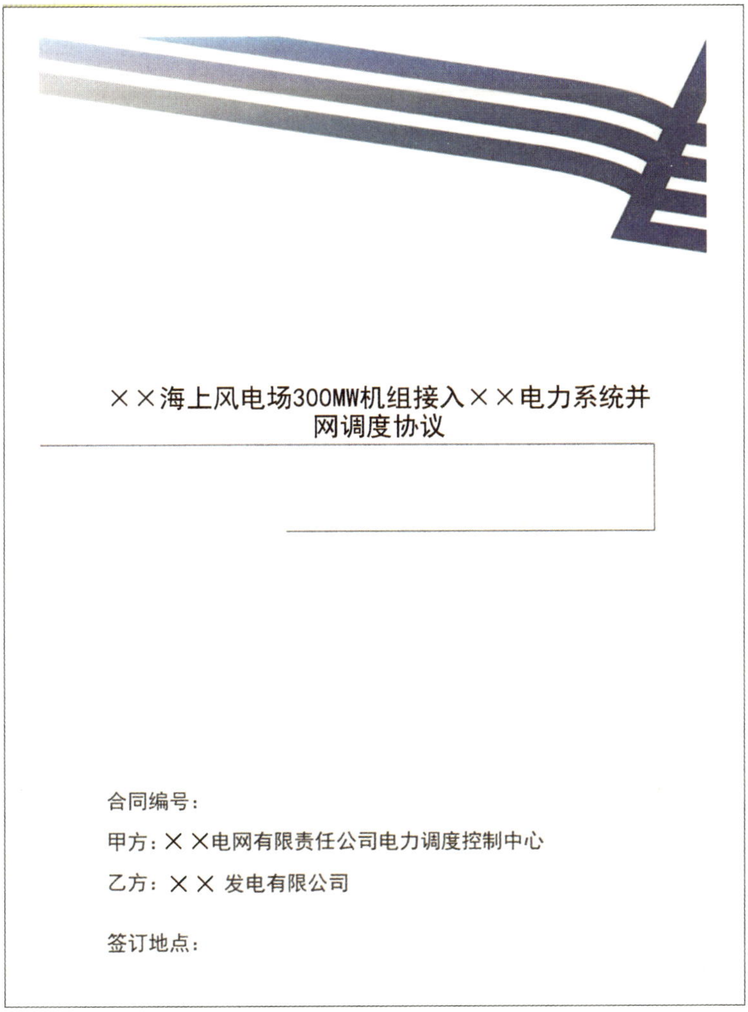
××海上风电场300MW机组接入××电力系统并网调度协议

合同编号：

甲方：××电网有限责任公司电力调度控制中心

乙方：×× 发电有限公司

签订地点：

图 6–22　并网调度协议范本

6.4.2　计量电量结算点分布情况

根据购售电合同，峡沙海上风电场、峡阳海上风电场、蕴阳海上风电场计量结算点设置分布如下。

1）峡沙海上风电场关口计量点设置在对侧 220kV 尚洋湾开关站 220kV 峡尚线出线处，统计容量 30 万 kW。

2）峡阳海上风电场关口计量点设置在本侧 500kV 峡陆升压站 500kV 菩峡线出线处，四期分别计量，统计容量 140 万 kW。

3）蕴阳海上风电场关口计量点设置在对侧 500kV 峡陆升压站 220kV 蕴峡线出线处，统计容量 30 万 kW。

海上风电场用电性质为大工业用电；根据供用电合同（高压）要求用电方用电的功率因数应达到 0.95 以上。用电方冲击负荷、波动负荷、非对称负荷和注入电网的谐波电流对供电质量产生影响或对安全运行构成干扰和妨碍时，用电方必须采取措施予以消除。如不采取措施或采取措施不力，达不到国家标准 GB/T 12326—2008、GB/T 15543—1995 和 GB/T 14549—1993 的要求时，供电方可中止对其供电。图 6-23 为供电合同（高压）样本封面。

用电方的电费结算执行单一制电价、功率因数调整电费，功率因数调整电费考核标准为 0.90。

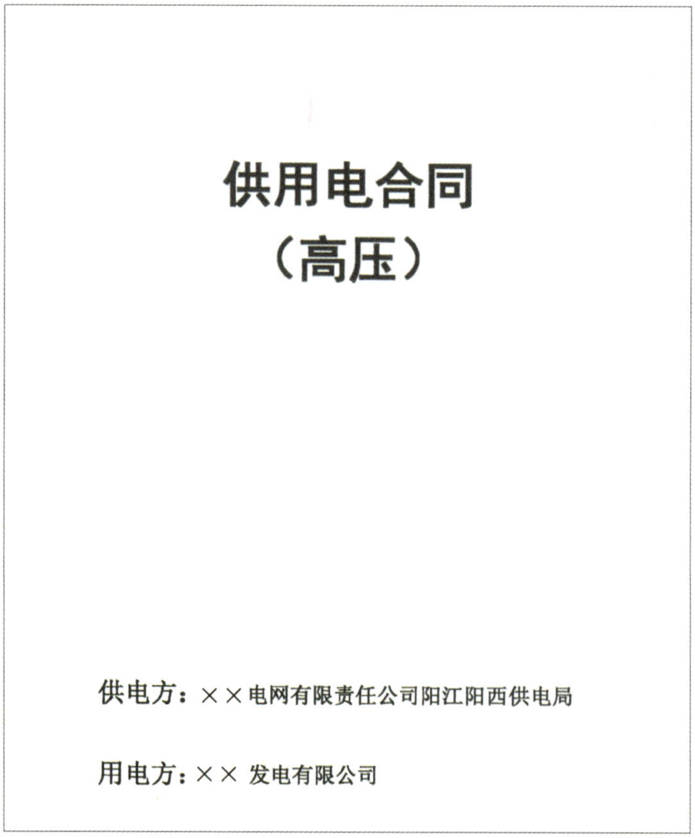
供用电合同

（高压）

供电方：××电网有限责任公司阳江阳西供电局

用电方：×× 发电有限公司

图 6-23　供用电合同（高压）样本封面

6.4.3　两个细则考核及力调电费情况

海上风电场严格执行广东电网的各项考核要求，不断提升预测能力和生产管理水平，努力降低《南方区域电力并网运行管理实施细则》《南方区域电力辅助服务管理实施细则》（以下简称“两个细则”）考核及力调电费，逐步满足电网安全需要的同时也实现海上风电场发电效益的提升。下面以 2023 年上半年数据研究为例。

2023 年 1—5 月，考核类型最高为海上风电场有功功率变化率及风功率预测，占比 67.81%。要积极研究并与气象部门建立良好的信息沟通渠道，合理利用两个细则免责条款进行免考申请，2023 年免考电量占总考核电量的 52.94%。要与相关单位探索进一步提高资源预测准确率，目前海上风电场功率预测准确率有了明显提升，中期预测准确率由 1 月份的 30% 左右提升至 5 月份的 60% 左右。

2023 年 1—6 月，广东区域各电站力调电费同比减少 55.73%。通过对 SVG 无功装置的合理调节使得各场站下网功率因数控制均有明显提高。

6.4.4　运行班组与电网协同协助典型事件

6.4.4.1　邀请广东中调前往现场培训调度受令资格考试

选优配强电力生产一线人员并且邀请广东中调派遣讲师前往现场培训调度受令规程，其中 39 人次通过广东中调调度受令资格考试，获得合格证书，树立广东电力生产运行维护队伍标杆。

6.4.4.2　配合完善南方区域两个细则风电光伏分册

配合电网完善南方区域两个细则风电光伏的两项建议有以下两个方面。

1）针对南方区域天气变化频繁、山地风电光伏预测难度较高等实际情况，宜适当控制新能源功率预测在两个细则中的占比，建议新版风电光伏两个细则第二十三条增加条款：“单月对单个新能源场站超短期功率、短期功率、中期功率预测上报率、准确率的总考核小时数不超过 B1h。”同时，推荐风电分册 B1 取值为 10，光伏分册 B1 取值为 5。鉴于新版风电光伏两个细则在新能源功率预测方面有所调整，考虑新能源场站的适应情况，建议 2023 年 4 月 1 日起，按照新版风电光伏两个细则，对南方区域集中式新能源场站功率预测上报率及准确率开展结算执行；2023 年 1—3 月，在两个细则技术支持系统中基于新版风电光伏两个细则，对新能源功率预测进行模拟试运行，暂不结算。

2）关于数据合格率，针对数据合格率初次纳入新版风电光伏两个细则考核，宜适当控制数据合格率在两个细则中的占比，建议新版风电光伏两个细则第二十三条第（二）款增加条款：“（八）单月对单个新能源场站数据合格率的总考核小时数不超过 B2h。”同时，推荐风电分册 B2 取值为 10，光伏分册 B2 取值为 5。建议 2023 年 1 月 1 日起，对新能源场站数据合格率考核开展模拟试运行，自 4 月 1 日起在两个细则技术支持系统中将考核计算结果（含 1—3 月）对主体公示，暂不结算；2023 年 7 月 1 日起，对新能源场站数据合格率开展结算执行。

6.4.4.3　参与广东电网断面控制措施

以 2023 年度“泰利”台风来临前后参与断面控制为例，即使在风能资源情况较好的情况下，严格按照调度要求进行断面控制，限制出力，确保了电网安全。

若当相关断面难以控制，为保障电网安全稳定运行需相关片区内新能源场站参与系统断面调控。针对上述情况，海上风电场制定了以下措施。

（1）风电机组出力预测措施

1）加强对风电机组的运行检修管理，保障风电机组的稳定运行。

2）及时填报风功率预测系统开机容量。

3）不断优化风功率预测系统的稳定性，保障风功率预测系统按时上传数据。

4）优化风功率预测系统数据上传的准确性，保障电网对我厂出力的调控。

（2）断面控制的相关措施

1）严格执行调度指令，控制海上风电场出力负荷；遇特殊情况需要配合调控负荷时，海上风电场将严格执行调度指令，保证功率变化速率在允许范围内，迅速控制海上风电场出力负荷。

2）目前已加强对运行维护人员的培训，增强运行维护人员发生全场失电的应急反应能力。

3）海上风电场定期检查陆上开关站备用电源和海上升压站柴油发电机，保证备用电源和柴油发电机正常。

（3）事故情况下全场失电预案

1）发生全站对外失电，值班负责人应立即向调度汇报站内失电情况及事故现象，了解事故原因，根据现场情况进行应急处置并及时汇报公司领导。

2）当220kV系统外线已无电压时，运行人员立即赶赴现场，检查断路器状态，检查保护装置的动作情况，做好线路恢复供电的准备工作。

3）立即启动陆上开关站备用电源和海上升压站柴油发电机，检查UPS是否正常工作，确保计算机监控系统工作正常。

4）加强对站内设备的巡视，确保站内设备正常。

6.5 百万千瓦海上风电场科创成果

百万千瓦海上风电场为三峡阳江沙扒海上风电场运行维护人员提供了优质的科研环境，创造了有利于产出推动经济高质量发展的科技创新成果的条件。开展各类科创项目，科研成果见表6-6。

表6-6 职工申请创新成果

项目	成　果
专利	一种海上升压站雨水回收利用装置
	一种SVG水冷系统冷却风机防雨罩专利
	一种海上升压站柴油发电机组油更换装置专利
	一种无须放油对油浸式变压器油箱漏油点进行补焊技术专利
	一种变压器绝缘油取油装置专利
	高抗散热风扇程序
	一种防止保护压板误投退的保护装置专利

续表

项目	成　果
专利	海上风电吊机钢丝绳自动润滑装置
	一种风力发电机组漏油回收装置
	一种抗风浪型由船登陆海上平台装置
	一种海上风力发电机组平台无水源保护厕所
	一种基于风电光伏互补的太阳能除湿系统
	一种海上风电运行维护登架装置
	一种风机扭缆排布方案
	发电机主轴废油回收装置
	冷却水自动补充装置
职工技术创新项目或QC小组成果	降低峡阳高抗温度
	降低发电机组接地电阻阻值
	明阳智能6.45MW机组UPS监测系统优化
	风力发电机偏航回路马达保护开关
	金风科技6.45MW机组液压变桨压力传感器防漏油改造
	南瑞继保变流器网侧熔断器
	南瑞继保变流器快熔铜排技术改造
	降低新能源发电站力调电费的研究
	三峡阳江沙扒海上风电场风力发电机组振动优化技术的研究与应用
期刊	海上某6.45MW机组叶片螺栓脱落原因剖析
核心期刊	风电机组基础环松动环氧注浆加固修复技术研究与实践

6.6 运行展望

三峡阳江沙扒海上风电场是国内首个百万千瓦级海上风电场，也是全球最大的海上风电场之一，三峡集团广东分公司按照国务院国资委关于对标世界一流企业管理提升行动、价值创造行动的相关要求，主动思考、研究落实“创一流场站”的可行路径，形成对标一流场站的“五个一流”要求，也取得了一定的成果。

（1）建设一流的体制机制

逐步建立符合行业通行模式，符合三峡管理和文化要求，适合世界最大海上风电场运行的体制机制；加强生产管理部、集控中心、各场站之间的交流，探索未来打造三峡集团广东分公司“青年论坛”；对标传承大水电的管理模式，对标学习三峡水力发电厂等大水电优秀场站，已邀中国长江电力股份有限公司（以下简称“长江电力”）专家前往海上风电场指导1次，派遣员工至三峡水力发电厂和乌东德水力发电厂交流学习共2次；对标学习德国梅尔海上风电等国外优秀海上风电项目，学习借鉴调整交易策略和风功率优化策略；持续加强与广州电力交易中心、广东省电力行业协会的沟通联系，深度参与现货交易、绿电及绿证交易。加快构建公司内外部横向联通、纵向贯通的协同运转格局，为建设一流的场站提供制度保障。

（2）提升一流的管理能力

坚持以“安全规范、电网为重、生产经营、市场导向、争创一流、专家专业”六个意识为电力生产工作目标，持续提升生产管理能力，提高经营管理水平，形成三峡阳江沙扒海上风电场的标准。

定期开展设备状态评估和诊断分析工作，提前发现设备隐患、缺陷，及时成立应对小组对其进行处理。如某种风机型号出现的批量性齿轮箱故障，公司成立齿轮箱关键部件技术团队从多方面攻坚克难。

（3）培养一流的技术人才

通过联合培养，制定针对性、个性化培训提升方案，利用“技术+管理”双渠道塑造复合型人才，培养擅生产、懂设备、能管理、会宣传的三峡阳江沙扒海上风电场人才，要让广东的一流场站成为三峡集团一流一线人才的储备库。

（4）打造一流的设施环境

不断改善场站生产生活条件，要打造广东特色，统一办公区域、宿舍、健身房、目视化标准；强化对场站卫生环境的管理。

（5）铸造一流的精神文化

培育一个精神、两种文化。培养“为我中华、志建三峡”的三峡精神，传承三峡吃苦奋斗、迎难而上、甘于奉献、耐得住寂寞的优秀品格。要营造“军营文化”，在一流场站建设中推行准军事化管理，实行军队严格的工作纪律（见图 6-24）；同时还要营造“家的文化”，着力解决员工急难愁盼问题。形成融合、和谐的场站氛围，做到施工与运行的融合，运行维护与集控融合。

图 6-24 集控中心每月 1 日举办升旗仪式

针对上述背景及目标，以三峡阳江沙扒海上风电场为先行试点，设定 19 项定期完成的工作，14 项长期实施的工作，及时跟进工作进度，做好反思总结工作，力求将其打造为“标杆”式的一流场站，以便后续总结成功模式并推广。

三峡阳江沙扒海上风电场现有并网容量200万kW，青洲规划并网容量300万kW，总计将达500万kW，三峡集团不仅要将世界上规模最大的海上风电场运行好，也要继续追求卓越，打造世界一流。

第7章 台风对海上风电场开发的影响与对策

台风是破坏性颇为严重的灾害性天气系统，位居当今危害全球的十大自然灾害之首。我国东南部沿海整体属于台风的频发海域，台风的发生发展可能带来大风、强降水、风暴潮等灾害性天气。人们通常认识中的台风，基本等同于气象学定义中的热带气旋；而严格来说，台风仅仅是热带气旋按其底层中心附近最大平均风力（风速）大小划分的6个等级中，其中风力为12级或以上的统称。为了全文的统一与阅读，如无特别说明，本书中的台风均可理解为广泛意义上的热带气旋。

近年来，随着我国海上风电装机容量的增加和风能发电的规模化，台风带来的灾害对海上风电场的破坏程度可能将愈加严重；但对风电开发的实际情况而言，台风过境利弊均有。强度较弱的热带气旋（如热带风暴量级以下）、台风和强台风的外围环流，可以给海上风电场带来较长的“满发”时段；但是当台风或强台风中心附近经过海上风电场时，风电设备就有可能受到破坏，台风特殊的涡旋特征和风脉动（湍流）特征会对风机造成疲劳损伤或共振损毁，折损叶片、机舱、塔架，甚至摧毁基础等。

三峡阳江沙扒海上风电场位于我国南海海域北部，极易受到生成于西北太平洋后逐渐发展移入南海的台风与生成于南海海域的台风——俗称“土台风”的交叉影响；对集中规模化连片开发的整个海上风电场在设计、建设、运行全生命周期中，均对台风灾害的预报预警、抗性设计、安全防护和大风利用等重点、难点事项，提出了全新的挑战。

7.1 南海海域台风典型特征

7.1.1 南海海域台风频数统计特征

相关研究表明，台风最大风速半径（台风最大风速处距其中心距离）约为15～90km，台风发展过程中最大风速半径会不断变化，不同特性、强度的台风，其最大风速半径也会有所不同。据此以三峡阳江沙扒海上风电场为中心，设置一个半径100km的圆形区域可作为对海上风电场所在海域历史台风统计区域。凡台风中心经过该海域，均认为可能严重影响海上风电场。

根据中央气象台台风网数据进行统计，2003—2022年对阳江海域造成影响的热带气旋共计77个，平均每年生成7～8个，如图7-1所示；其中达到台风及台风等级以上的有41个，包括超强台风5个、强台风17个及19个台风。

就影响个例而言，热带气旋活动在全年的4—12月均有出现。其中出现时间最早为4月

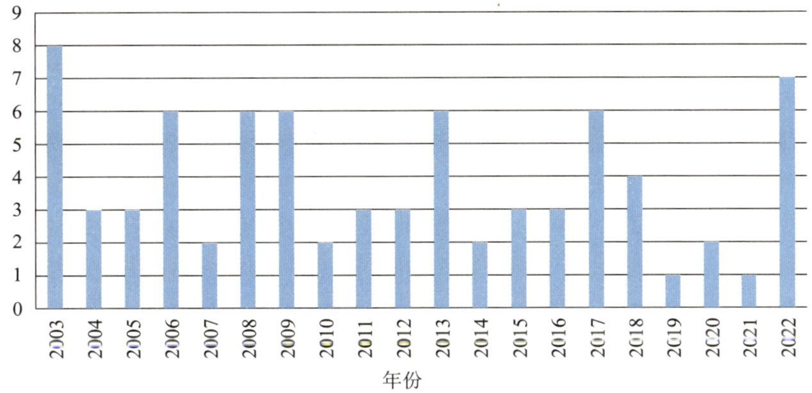

图 7-1　2003—2022 年对阳江海域造成影响的热带气旋统计

19 日，出现时间最晚可至 12 月 1 日。大部分热带气旋集中出现在 7—9 月，并在 8 月达到全年热带气旋活动的最高峰，占全年的 30.2%，9 月为全年热带气旋活动次高峰，占 19.8%。

7.1.2　南海海域台风强度统计特征

1949—2017 年间中心经过阳江海域的热带气旋涵盖了从热带低压到强台风的大部分强度等级。以进入阳江海域内的最大 2min 风速进行统计［见图 7-2（a）］，首先是热带低压（TD）出现频率最高，占比达 31.1%；其次是台风（TY），占比为 26.4%；再次是强热带风暴（STS），占比为 18.9%。而台风及其以上强度等级样本总计占比三成以上，比例可观。

其中以登陆时强度等级为统计指标［见图 7-2（b）］，首先强热带风暴（STS）出现频率最高，占比 31.1%；其次为热带低压（TD）和热带风暴（TS），占比为 23.0%；再次为台风（TY），占比为 19.7%；台风及其以上强度等级总计占比 23.0%。

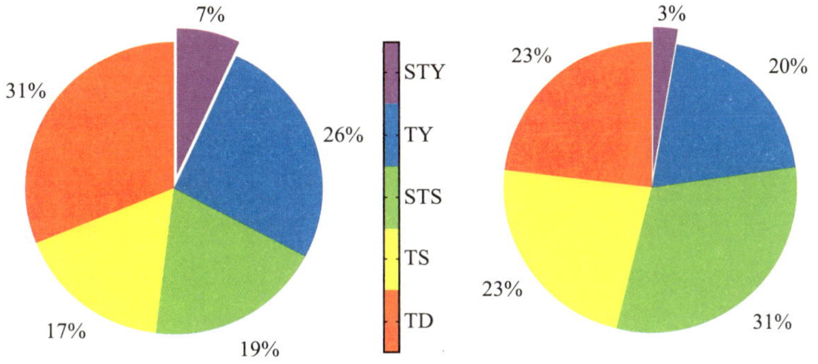

（a）　　（b）

图 7-2　不同强度等级热带气旋个例频率分布（百分比取整）

（a）以最大 2min 风速统计热带气旋频率；（b）以登陆时热带气旋的强度等级进行统计

7.1.3　南海海域台风对三峡阳江沙扒海上风电场影响的统计特征

三峡阳江沙扒海上风电项目自 2019 年 12 月投产至今，对海上风电场造成直接或间接影响的台风共 9 个，包括 4 个台风、1 个强台风、1 个超强台风（2216 号超强台风“奥鹿”)、3 个热带风暴，且存在发展快、预报难、路径多变、风力瞬间增强等特点的南海“土台风”。其中有 5 个台风风速超过风机的切出风速，导致机组大风切出停机，影响占比约 56%。

其中，有若干台风几乎正面直穿三峡阳江沙扒海上风电场，如 2002 号热带风暴“鹦鹉”，最大风力等级 9 级，最高风速 23m/s，距离海上风电场区域最近距离约 60km。2203 号台风“暹芭”，最大风力等级 12 级，最高风速 35m/s，距离海上风电场区域最近距离约 30km。

台风中心距海上风电场距离不足 100km，海上风电场将全部被台风的“旋涡风雨区”和“外围大风区”所覆盖，经受强垂直对流和强风的双重考验，迄今为止未发生安全事故。

7.1.4 强台风个例及灾情简介

7.1.4.1 台风“狮子山”“圆规”“雷伊”形成“接力”影响

2021 年 10 月，正值三峡阳江沙扒海上风电场如期全容量并网前，最为关键的建设施工时期，在中国近海如“接力”一般接连生成台风“狮子山”“圆规”“雷伊”三个台风，使得项目建设期间的生产、安全、管理经受了一次长时间、高强度的考验，最终以零事故的答卷，圆满完成项目如期全容量并网的既定目标。

其中台风“狮子山”（热带风暴级）于 8 日 22 时 50 分在海南省琼海市潭门镇沿海登陆，中心气压 992hPa，中心最大风速 20m/s，生成至消亡时间为 10 月 7—11 日。在台风“狮子山”刚生成第二天，台风“圆规”（台风级）紧跟而来（生成至消亡时间为 10 月 8—14 日），并于 13 日 15 时 40 分前后在海南省琼海市沿海登陆，中心最大风速 33m/s。台风“雷伊”（超强台风级）于 14 时 30 分左右在菲律宾北苏里高省锡亚高岛沿海登陆，生成至消亡时间为 10 月 12—21 日，中心气压 925hPa，中心最大风速 58m/s（17 级大风）。

7.1.4.2 台风“暹芭”

2022 年第 3 号台风“暹芭”，于 2022 年 6 月 30 日 8 时在南海生成。6 月 30 日夜间，“暹芭”被中央气象台升格为强热带风暴。7 月 2 日 8 时，“暹芭”被中央气象台升格为台风。7 月 2 日，第 3 号台风“暹芭”在广东省茂名市沿海登陆，台风中心最大风力 12 级（35m/s），海上实测最大风速超过 46.4m/s（15 级），陆上实测最大风速 64m/s（超 17 级）。

台风“暹芭”成为 2022 年登陆中国的首个台风，以及 2015 年台风“彩虹”以来登陆粤西的最强台风，也是近 20 年来登陆广东省的最强南海“土台风”；其为华南多地带来强烈风雨影响，部分地区降水创下历史极值，并诱发了多个龙卷风。据应急管理部事后统计，“暹芭”共造成广东、广西、海南、江西 4 省（区）186.2 万人受灾，直接经济损失 31.1 亿元；据海事局官网发布的相关调查报告显示，在该台风影响下，在阳江海域发生了船舶走锚误入海上风电场后沉没的事故，造成了人员伤亡和经济财产损失。

7.2　海上风电场抗台风设计

在南海海域极易受到台风影响的背景下，抗台风性能自然是南海海域海上风电场机型选择需要重点关注的方面。南海海域项目受台风影响显著，凡是途经或者在南海地区登陆的热带气旋，均有可能对项目产生灾害，因此需要对机型的抗台风性能进行分析。

7.2.1　抗台风总体方案

机组按照 IEC 61400-1:2019（含应对热带气旋设计要求）标准的各项设计规定及抗台风设计要求进行机组的设计、认证及制造。极限抗风能力和抗瞬时风速的耐受能力进行分析，从硬件结构上保证台风在任意方向侵袭时，机组均可安全抵抗，并经复核满足场址要求。机组除在安全等级上依据强台风标准进行定制设计外，还通过一系列的抗台风技术方案来保证机组在台风期间的可靠和安全。

7.2.2　叶片设计加强

根据叶片在台风期间的破坏形式，对叶片做针对性加强设计。气动设计方面，具有优异的气动性能和自适应降载特性，有效降低叶片在台风下的自身载荷。结构设计方面，沿着整个叶片翼展方向，对叶片的主梁和腹板进行增强，并设计合理的结构和排布，提升叶片抗扭剪破坏的能力。同时采用特殊的纤维布材料并增加叶根位置的铺层厚度，使叶片抗折断能力得到极大的增强。叶片主梁使用更高性能的碳纤维拉挤板材作为主承载材料，具有更高的纤维含量和模量，有利于增加叶片整体的结构强度和刚度，提升叶片在台风下的整体承载能力，如图 7-3 所示。

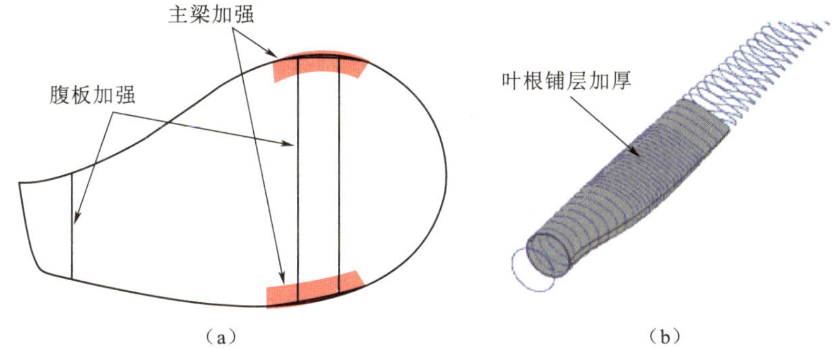

图 7-3　叶片抗台风加强设计

（a）抗扭剪破坏加强；（b）抗折断破坏加强

7.2.3　变桨锁设计

台风期间对叶片进行顺桨后保持可靠锁定是风机抗台风设计的关键环节。如果叶片未进行可靠锁定，在强风时叶片被吹至迎风的角度，最终可能造成叶片折断、飞车倒塔等严重事故。

机组采用变桨锁定机构对叶片进行可靠的锁定，有效解决海上机组在面临如台风或极端大风工况下机组的安全性问题，避免了人员登机进行叶片制动的手动操作，提高了机组及维护人员的安全性。

7.2.4 台风预警系统

台风预警系统在台风期间能及时地向海上风电场提供台风行经路径、影响范围及程度等预警信息，当台风临近海上风电场及时升级台风告警信号，当台风危害影响消失时能及时解除台风警告使海上风电场尽快恢复生产。为海上风电场定制台风预警系统，有利于海上风电场和机组提前做好台风期防范，有序进行运行工作管理，可将海上风电场遭受台风危害的风险降到最低，并充分提升台风期的发电效益。

7.2.5 台风控制模式

风电机组台风期的运行控制策略，是海上风电场和机组应对台风潜危害的最关键环节。综合机组的安全和发电量，对台风期风机运行制定应对策略，保证抗台风策略无死角的同时，使发电量最大化。

7.2.6 主动偏航策略

当强台风来袭时，尽管机组处于停机顺桨状态，机组结构在不同的偏航对风角度下所承受的载荷仍存在很大的差异。大量设计经验表明，当风轮处于下风向（偏航 180°对风）时机组各主要结构的载荷水平最低。以某机型的载荷分析为例，偏航角背对风位置的塔架—基础交界面弯矩 M_{xy} 可比最差对风角度的弯矩降低约 30%，偏航轴承的扭矩 M_z 可以降低约 60%。尽管台风型机组仍按照最恶劣载荷进行机组结构设计，保证强台风从各个角度来袭的情况下机组安全可靠，但如果在台风期间能尽量保持偏航处于 180°背对风位置，对提升机组的安全可靠性还是具有重要的意义。

7.2.7 柴油发电机备用电源

台风期间，海上风电场面临电网掉电的风险。由于出海维护受天气影响较大，且海上风电场检修维护周期较长，风机长时间失电无法偏航，无法执行台风期间主动背风偏航策略，风机极限载荷将大大增加；为应对此种极端情况，采用柴油发电机作为应急电源，来支撑机组台风期间的偏航及其他部件的正常运行。

7.2.8 机组密封优化设计

优良、可靠的密封设计除了对海上机组的防腐极其重要外，对台风期间应对狂风暴雨的侵袭、防止雨水进入到关键设备（如电机）也有不可忽视的作用。台风期间雨水即使从各个方向侵袭，都会被抵挡在外层密封之外，由外层雨水槽引流；中层密封和雨水槽的作用是将剩余部分可能进入的雨水抵挡在机舱和发电机之外；最内层的密封主要是起到防潮作用，使机舱和发电机内部保持干燥，防止外部盐雾空气大量进入，减缓内部除湿、除盐雾设备的工作压力。

7.2.9　处于安装期风机的抗台风措施

在台风期间，处于安装期的风电机组往往尚未有电网供电，或者机组内部的电气连接尚未完成，或者机组尚未通过调试，因此对处于安装期的机组做好防台风措施显得尤其重要。如果台风有可能正面袭击海上风电场，则用柴油发电机备用电源对处于安装期的风机进行偏航操作；偏航对风的角度按照台风预警系统给出的对风角度进行——台风预警系统一般根据台风路径预测，计算台风期间对风机造成最严重影响（往往是台风中心最接近海上风电场期间）的风向提供偏航对风角度建议。

7.3　海上风电场防台风策略

7.3.1　台风监测、预警与防范准备

7.3.1.1　编制发布防台风方案

每年编制发布防台风工作方案，制订防台风防汛工作计划。在台风季（汛期）来临前召开一次专项防台风工作部署会，统一思想、畅通机制，进行工作部署和动员。防台风工作方案应至少包含以下几部分内容：指导思想、工作目标、组织机构及职责、当年防台风形势分析研判、项目主要风险点辨识、管理及技术措施要求、工作计划表、防台风值班表、应急资源部署情况等。

7.3.1.2　开展防台风培训

利用阳江政府宣传材料、科普视频、灾害教育视频等材料开展防台风培训。在台风期来临前应至少开展一次防台风培训，培训要直插现场，面向一线员工。邀请专业气象机构、专家就项目所在区域内台风形成、台风规律、历年台风形势、台风防范经验等开展专项培训。根据台风实际影响情况，当台风可能正面登陆或造成较大影响时，组织开展专项防范台风培训，提升全员防范台风意识。

培训的内容包括：防台风防汛工作重要性教育；防台风防汛预案工作程序；防台风防汛组织机构及常用联系方式；人员/船舶/机械设备撤离程序；防台风防汛期间纪律要求和防台风防汛应急救援知识等。

7.3.1.3　加强台风监测

为加强台风预警信息监测工作，主动拓宽台风预警信息获取渠道。通过国家部委、属地政府或上级单位等权威机构发布的相关预警预报获取台风信息，获取渠道见表7-1。与阳江市气象局签订气象灾害预警服务协议，并联合参建各方、运行维护单位建立防台风工作群，安排专人关注并定期报送台风、海况、人员及船舶动态等信息，详见表7-1。

7.3.1.4　防台风锚地、安置点的选择

每年台风季前，加强与政府主管部门联系，明确防台风期间人员安置点和防台风锚地。船舶进退场台账要实施动态管理，锚地选择要综合考虑船舶的性能（有无动力）、拖轮的拖带能力、距离远近、台风登陆路线等因素，制定不同台风路径下船舶防台风锚地方案。

表 7-1　台风及船舶信息获取渠道

序号	信息种类	渠　道	网　址
1	台风信息官方获取渠道	中央气象台·台风网	http：//typhoon. nmc. cn/web. html
2		国家海洋环境预报中心	http：//www. nmefc. cn/szyb/tf. aspx
3		中国天气台风网	http：//typhoon. weather. com. cn/
4		各省市气象台	—
5	船舶信息获取参考渠道	船讯网	http：//www. shipxy. com/
6		中国港口网	http：//www. chinaports. com/
7		中华人民共和国海事局 AIS 信息服务平台	https：//ais. msa. gov. cn/

台风季节一般为项目施工高峰期，现场施工人员数量较多，人员安置点选择宾馆、酒店等结构稳定性较好的建筑，禁止选择临时建筑物作为避风安置点，同时做好安置期间食品、饮用水等应急生活用品的储备工作。

7.3.1.5　防台风应急资源保障

防台风物资主要包括人力资源保障、物资装备保障、交通运输保障等。公司已于阳江建立健全的应急救援队伍，主要负责突发事件的应急抢险及事后的生产恢复等具体工作；配备（租赁）应急救援拖轮，保证突发状况下可以第一时间实施救助，同时租赁应急救援直升机等其他救援力量。并且，要根据防台风防汛应急预案配置应急灯、对讲机、水泵、柴油发电机、卫星电话、应急药品和应急食品等防台风应急物资，确保账卡物相符，物资储备应充足有备；应急物资应安排专人负责定期维护，确保紧急时刻能“拿得出、用得上”，依据防台风应急预案配足应急物资。

7.3.1.6　加强防台风检查

防台风检查工作一般分防台风专项检查、台风前检查、台风后检查等。台风季来临前，针对海上风电场开展一次全面防范台风专项检查工作。每次台风前，开展防台风前专项检查，主要对防台风组织机构建设、防台风应急预案、防台风物资、防台风预警工作、防台风现场风险管控等开展检查。

将参建各方纳入公司的防台风管理体系内。台风前，组织检查施工单位是否有防台风应急领导组织机构，是否有完备的应急预案，应急物资装备是否储备充足，确保各参建方防台风应急管理体系运转正常。台风预警信息发布后，督促施工单位立即组织对船舶、平台等开展专项检查，提前加固各类临时建筑物，检查各项防台风措施落实情况。

台风前，督促阳江项目部安排专人负责开展海上升压站设备设施、建筑、风力发电机组等检查；台风期来临前加固临时建筑物、检查生产设备设施抗风措施落实情况；开展风力发电机组防台风策略检查；增加设备巡查频率；对易受台风、雷雨、山体滑坡和泥石流等自然灾害影响的边坡、建筑、设备应提前布置措施。

在台风安全检查过程中，对发现的隐患和漏洞及时整改，做到早发现、早治理，确保不留死角。同时，及时总结安全检查情况，动态梳理和分析高风险隐患和重复隐患产生的内在原因，找出管理上的薄弱环节，研究完善相关管理措施和规定，并形成检查总结材料。

7.3.1.7 防台风应急准备

针对南海海域台风的特征，每年5月底前完成防台风应急预案的编制和完善防台风应急准备工作。对现场主要设备或建筑物等开展防台风风险分析；安排专人收集气象信息；核查船舶、风机等主要设备抗风等级及分级响应策略；与相关单位建立应急联动响应机制；储备应急保障资源等。

每年至少开展一次防台风演练，一般选为在台风季前举行，建议每年至少开展一次防台风实战演练。演习要坚持“以人为本，生命至上”的原则，积极组织各应急小组做好现场防台风应急预案演练与现场处置工作；通过演练检验应急预案、应急救援能力，提高应急救援水平。根据演练结果，总结演练经验，对预案与处置方案进行修订和完善。

加强和巩固与阳江市应急管理局、气象局、海事局和三防办等部门及周边企业的应急联动机制，台风前现场船舶和人员撤离应听从政府主管部门要求，联合行业内周边企业配合政府部门加强应急能力建设，强化应急资源共享。

7.3.2 台风应急响应策略

7.3.2.1 台风生成响应

台风或周边热带气旋编号生成后，通过公共网络平台、专业气象服务平台等渠道获取气象信息，重点关注国家、省、市、县有关部门预警信息。综合分析研判各类渠道气象信息，以大概率思维应对小概率事件；组织召开防台风部署会议，通报台风信息，多方会商研判台风对施工、运行维护的影响；制订人员船舶撤离计划表，做好防台风指令的发布。如遭遇强级别台风侵袭应及时停工停产，做好防台风防汛应急物资采购与发放。

（1）预警分级

在对台风监测、预测、分析的基础上，根据台风的特点、发展势态、可能影响范围及可能造成的人员伤亡、财产损失和生态环境破坏等不同程度，预警级别由高至低分为Ⅰ级、Ⅱ级、Ⅲ级，见表7–2。根据接收到的预警信息，判断台风的严重程度，分析可能波及的范围和造成的后果，依据公司预警分级标准，对预警进行合理的定级。

表7–2 台风预警等级

级别	预警条件
Ⅰ级	国家相关部门发布橙色或Ⅱ级以上预警信息，企业、社会报告的重要事故风险预警信息，同时存在发生较大及以上事故或造成公司较大损失的预期，需要在三峡集团指导下举公司之力才能有效应对的风险
Ⅱ级	国家相关部门发布黄色或Ⅲ级预警信息，企业、社会报告的中等事故风险，同时存在发生一般事故或造成公司一般损失的预期，需要各单位、多部门联合应急处置才能控制的风险
Ⅲ级	国家相关部门发布蓝色或Ⅳ级预警信息，企业、社会报告的一般事故风险，同时存在发生三峡集团考核事故或较大社会影响事件的预期，需要公司相关部门关注的风险

（2）预警信息发布

一旦接到所属单位或收到政府相关部门台风预警通知后，立即向公司防台风防汛办公室汇报，由公司办公室汇总相关信息，分析研判，提出公司预警发布建议，经防台风防汛领导小组批准后由防台风防汛办公室负责发布。

台风预警信息由防台风防汛办公室通过视频会议系统、电话、办公群等方式发布，并根据情况变化适时调整预警级别。

预警信息的内容包括台风基本信息、预警级别、预警区域或场所、预计影响、预警期时间、应对措施、发布单位和时间等。

7.3.2.2 应急响应启动

将应急预案进行分级响应，如阳江市政府相关部门介入或进行现场指挥时，按照相关应急管理要求进行现场应急处置。

Ⅰ级响应：12h内可能受台风影响（风力12级以上），发布应急响应启动程序，在公司内部及时向参建各方传递响应启动指令，各参建单位同步（也可提前）启动应急响应。

Ⅱ级响应：24h内可能受台风（风力10级以上）影响，发布应急响应启动程序，在公司内部及时向参建各方传递响应启动指令，各参建单位同步（也可提前）启动应急响应。

Ⅲ级响应：48h内可能受台风（风力8级以上）影响，发布应急响应启动程序，在公司内部及时向参建各方传递响应启动指令，各参建单位同步（也可提前）启动应急响应，启动现场抗台风应急预案。

Ⅳ级响应：72h内可能受台风（风力6级以上）影响，发布应急响应启动程序，及时向参建各方传递响应启动指令，各参建单位同步（也可提前）启动应急响应。

7.3.3 应急处置措施

7.3.3.1 建设期

在建设期，综合研判现场情况，部署船舶撤离等各项工作。台风影响前检查包括锚地锁定、海上平台加固、各类船舶有序撤离等，船舶撤离过程中应体现分级响应原则，细化各项过程可能遇到的风险和阻碍，留足安全时间裕度，做好船舶撤离部署；根据实际情况启动24h防台风应急值班，制定值班表，严格遵守值班纪律；应急值班人员及时掌握人员船舶撤离情况和现场各工作面情况。

1）陆上集控土建施工应做好排水检查，及时疏浚排水系统，保障排水系统完整有效；应加强施工设备、材料排查，采取相应的防风防雨措施，现场机械操作棚，必须搭设牢固；户外基坑施工应清除沟边堆物，减轻侧压力，加强现场巡视，检查是否出现裂缝、坍塌等现象；加强监控超高施工机械基础稳定性，必要时添加缆风绳加固，可收臂的起重机械必须收臂停放至地面稳定的施工场地内；加强宿舍、办公室等临时设施管理，做好整修加固。

2）海上基础施工开展对船舶动力、系泊、操舵等设备的全面检查，起重船完成吊具拆卸、封钩，做好震动锤、打桩锤等其他易移动物件固定；除最少安全值守船员外应全部从船舶撤离至安全场所；根据台风趋势，加强施工组织管理决策，做好稳桩平台搭设、工程桩沉桩及混凝土浇筑等施工面的应急防范措施。

3）关于风机吊装施工作业。受台风影响时，未开始吊装的塔筒和主机，严禁吊装，且运输船做好避风工作，船上风机设备采取合理绑扎加固措施；吊装期间，风机厂家按照方案指导现场应急处置措施。

平台船如计划撤离避风，降船前应检查全船尤其是甲板面通机舱水密门是否关闭，各透气孔是否有效堵塞。在单桩拔桩时，要注意平台的倾斜情况；在拔桩作业时应保证平台足够的安全干舷高度，防止甲板浸水；如经评估发现条件不允许时，应停止插拔桩作业，并将平台升至安全位置。

4）关于叶片、塔筒等设备堆场。机舱、发电机及叶轮存储应在运输支架下方垫承重型枕木，分散集中压力，避免台风带来的暴雨天气使运输架框内积水；机组大部件在专用堆场或者机位摆放区域内存储时，严禁机舱口迎主风向；台风来临前应仔细检查机组包装，使用绳索或者网罩对机组防雨罩外包装进行绑扎加固；叶片摆放时应注意堆场近期内预报的台风路径；检查叶片法兰密封，保证叶片法兰面包装完好；叶片存放时使用锚链与地面或支架等固定；所有柜体应放置在室内或者牢固的防雨结构下，进行有效固定并防止积水浸泡。

5）关于海上平台施工作业。集装箱采用型钢与平台连接焊接，并拉设缆风绳；海上平台履带吊、发电机、拌和站等大型机械设备加固限位锁紧，缆风绳绑系牢固；履带吊放下大臂，大钩钩住平台，采用型钢穿过履带与平台相接限制移动，电气系统扬帆不遮盖或围闭。小型设备、电焊机、气瓶集中绑扎堆放，工具房与平台面板焊接牢固；钻机通过夹轨器与轨道固定，特殊钻机的四角拉设缆风绳，钻头提升至护桶脚以上。钻杆、空压机、除砂机、泥浆管等加以固定，液压油桶集中堆放绑扎。水箱采取限位措施加固，保证箱内水位高度不低于二分之一。油罐燃油需泄放至船舶。根据平台设计图纸，对横联管、“工”字钢进行自查，检查焊接质量和连接情况。贵重物品及图纸、重要档案资料等要求随人转移至安全稳固场所避风。

7.3.3.2　运行维护期

1）根据海上风电场的实际情况，体现分级响应原则，留足安全时间裕度，及时响应政府防台风防汛的气象预警，做好回港避风准备；并应关注台风与天文大潮对锚地潮位的影响，提前确定防台风撤离点，并与政府部门及相关航道、码头管理部门沟通，保证船舶紧急情况可以及时停靠。

2）台风期间应安排专人负责开展海上升压站设备设施、建筑物、风力发电机组等专项检查工作。要提前加固各类临时建筑物、检查各类生产设备设施抗风措施落实情况；开展风力发电机组安全链测试与抗台风模式测试、风机螺栓力矩检查，增加日常安全巡查频次，及时全面地掌控现场安全情况。

3）应根据台风动态及时完成防台风相关措施，确认人员、机组处于安全状态，海上作业人员已撤离。准备应急生活物资、应急联络方式、应急照明设备、应急交通设备；记录现场应急行动与应急指令。陆上集控中心要做好防汛缺陷问题整改，组织员工对场站排水通道清淤。大雨、强降雨期间，进入应急值班模式，实行值班长、组员双人值班，场站负责人及安全专员在岗值班，其他人员 24h 待命，做好应对突发事件应急准备；大雨、强降雨期间场站停止所有户外作业，通过视频加强设备值班监控，检查场内建筑物、设备有无异常，及时处理房屋内积水等问题。

4）根据实际情况启动骨干人员（含厂家项目部）集控中心24h值班机制；机组不能自动进入抗台风模式时，值班人员应启动远程手动指令强行进入抗台风模式并手动对风；场站值班人员密切关注机位点的风速及风机参数；加强海上升压站、风机安全状况的监视；密切监视台风动向，随时与内外部应急救援力量保持信息沟通。

7.4 防台风实践

7.4.1 防台风演习

为深入贯彻落实习近平总书记关于安全生产重要指示批示精神，全力实现年度安全生产工作目标，提高全员安全防范意识和应急救援能力，推进应急管理水平再上新台阶。根据公司各项有关防台风工作部署安排和要求，充分结合三峡阳江百万千瓦级海上风电项目工作实际，自海上风电场建成投产以来每年有针对性地开展防台风演习，如图7–4所示。

图7–4 “乌东德”号防台风演习现场

演习项目中包含：应急响应启动、应急信息传达报送、船舶走锚应急救援处置、受伤人员紧急救助、风机受困人员安全撤离、海上消防、人员落水救援、直升机定点救援作业等多个台风期间可能产生安全事故与人员伤亡的特定场景。

防台风演练能够充分提高项目全体人员应对建设、运营过程中突发台风、强对流天气等自然灾害的全员安全防范意识和应急处置能力；有助于全体人员查找应急预案中存在的问题，完善应急预案，提高预案的实用性和可操作性；同时进一步验证应急队伍、物资、装备、技术等方面的防突发事件应急能力。为完善防台风预案及现场应急事件处置积累了实战经验，为三峡阳江百万千瓦级海上风电项目运行安全保障工作打下了坚实的基础。

7.4.2 防台风案例

在充分认识南海台风特殊性，并制定严谨合理、科学有序的抗台风、防台风策略，严格执行防台风检查、保障、应急准备与演习等多项工作的前提下，三峡阳江百万千瓦级海上风电项目近几年经受住了多个正面袭击海上风电场台风的考验，切实做到了防台风安全零事故。

2021 年第 17 号台风“狮子山”、第 18 号台风“圆规”接连在 10 月上旬生成，受“狮子山”和“圆规”外围环流及冷空气影响，三峡阳江公司三峡阳江沙扒海上风电项目历经了持续大风和两轮连续多日降雨。当地气象部门陆续发布了台风橙色预警和暴雨橙色预警，市区及沿海测得最大阵风 11～12 级，不良海况长时间持续。此种环境因素使得海上风电场内船只管控工作愈发重要且艰难。

台风“狮子山”过境期间，于 2021 年 10 月 9 日清晨，受海况等环境因素影响，临近三峡阳江沙扒海上风电场区域的某其他项目施工船舶突发走锚事件。由于风浪流的影响，该船舶走锚后朝着三峡阳江沙扒海上风电项目三期 A2 区移动，有碰撞海上风电场建筑的风险；同时走锚后船锚一直紧贴泥面，所经之处的海底电缆易被船锚刮断；无论出现哪一种情形，都是项目全容量并网关键时期所难以承受的。

事件发生后，走锚船舶所在项目施工单位调度自有 6000HP 拖轮至现场开展紧急处置，尝试将走锚船舶拖带回锚地；但由于现场风浪过大，数次尝试均以失败告终。在尝试拖带的过程中，走锚船舶因不受控制，船锚将某阳江海上风电项目 220kV 送出海缆刮断，造成该项目全场风机停运。随后船舶仍不受控制地随风浪移动，并离三峡阳江沙扒海上风电项目三期海上风电场，以及项目已敷设的 7 根 220kV 送出海缆越来越近，如图 7－5 所示。

图 7–5　走锚船舶救险现场

针对此次走锚事件，三峡珠江公司及三峡阳江公司第一时间建立了应急沟通群，公司主要负责人均时刻关注事态发展并紧急开展现场应急处置。9 时 20 分，三峡珠江公司提前派出现场应急拖轮“德惠”（17 000HP）和“东海救 131”（9000HP）以 14kn 以上速度全速赶赴现场；10 时 38 分，某临近项目自有应急船舶“洛拖 6001”救援宣告失败；11 时 04 分，“德惠”轮抵达现场，紧急开展拖带工作，尽全力先稳住走锚船舶；11 时 37 分，走锚船舶距离三峡阳江沙扒海上风电项目 220kV 海缆最近一根距离仅有 0.204 n mile，最远亦不超过 2 n mile；12 时 56 分，因海浪过大，“德惠”轮刚挂好的拖带缆绳发生崩断，现场紧急启用备用缆绳；15 时 06 分，“德惠”轮完成拖带缆绳挂靠；16 时 54 分，对拖带缆绳完成了加固处理，并即刻将走锚船舶拖离我方海缆范围；约 17 时，走锚船舶被成功拖带回锚地，险情解除。

经过阳江项目部测试，三峡阳江沙扒海上风电项目 220kV 海缆运行正常未见异常，当时该船距离项目 220kV 海缆最近一根距离仅有 0.204 n mile，最终该起险情未对三峡珠江公司造成损失，未影响项目如期实现全容量并网。

公司充分吸取总结各类相关企业面对台风的应急处置经验教训，于 2021 年专项租赁了“德惠”等大马力拖轮和“海龙铭”等应急保障船，和南航通用航空股份有限公司等专业直升机应急救援单位建立了合作关系；在台风和冬季季风恶劣海况期间，确保现场常备 1～2 艘马力在 10 000HP 以上的应急拖轮等必要的应急资源，方便项目根据现场工作和应急处置需要，随时、及时地根据情况变化进行调配。同时全力整合、统筹管理项目各参建方应急救援资源，保障了应急处置的及时性，做到处置果断、响应迅速，有效防范化解台风期间难于预见的风险。

7.4.3 机组防台风策略优化

在三峡阳江百万千瓦级海上风电场各项防台风工作安全稳定执行的前提下，为使三峡阳江沙扒海上风电场在进入台风高发季安全应对台风，确保电力生产安全稳定、确保迎峰度夏期间保发保供，公司定期组织召开应对台风电力生产工作专题会议，动员三峡阳江沙扒海上风电场全体生产人员落实台风防守措施。同时要求各单位在台风到来前完成电气和风机设备抗台风检查，台风期间对机组运行加强监控，加强值守值班；做好台风期间风速、切入切出、出力等数据的统计，在安全前提下做到保发增发，如图 7-6 所示。

图 7-6　三峡阳江沙扒海上风电项目集控中心中控室台风期间值班工作场景

针对工程建设期与全容量运行数年来的对台风特性的认识及实际防台风经验，公司着手逐步优化抗台风策略，结合目前海上风电机组、基础等技术设计、生产制造较陆上风电和早期近海岸海上风电采用的小容量机组和基础，均有较为明显的发展和进步。依旧沿用过往针对台风的行业管理惯用模式，一方面将在技术和安全允许的条件下损失部分发电量，不利于大容量机组获取满功率运行数据；另一方面不利于海上风电全产业链的整体发展，使得风机厂家的抗台风策略趋向于“消极”和“保守”，个别厂家依靠早切出、早进入台风模式进行“安全抗台风”。

以三峡阳江沙扒海上风电场装设的某一风机厂商抗台风型风力发电机组为例。前期该风机厂商抗台风策略较为保守，采取了台风来临之前即将全场机组手动进入台风模式的策略，造成了大量的电量损失，也不能有效验证机组的抗台风策略；阳江项目部在查看过机组抗台风设计后谨慎评估认为，抗台风机组应具备正面抗台风的能力且在抗台风策略触发后能正常进入台风模式。机组在台风季之前进行全面的抗台风测试，应加强集控24h值班机组，具备条件下，可正面抗台风不再进行人为干预。经多次组织风机厂商对抗台风策略进行技术讨论，设计了优化方案，并选取试验风机开展深度测试。厂家理论策略与实际策略对比，见表7-3。

在充分认识南海台风特性并掌握机组防台风、抗台风策略后，三峡阳江沙扒海上风电项目组织人员学习三峡集团大水电业务在“洪水资源化”工作的相关经验和方法，开展了“台风资源化”专项分析与研究，决定首先打破部分风机厂商手动切入、切出台风模式的被动防台风策略，改以气象信息与机组高精度传感器协同自动判断的台风模式，同时逐步开展利用北斗通信远程控制机组偏航抗台风的技术测试。

经初步优化抗台风策略后，2022年10月17—20日，第20号台风202220“纳沙”途经南海海域期间，对三峡阳江沙扒海上风电场发电量产生可观影响。台风期间机组平均风速在9.0～15m/s之间，期间发电量为12 934.17万kW·h。2022年10月30日—11月2日，第22号台风202222“尼格”途经南海海域，对三峡阳江沙扒海上风电场发电量产生可观影响。台风期间机组平均风速在8.0～13m/s之间，期间发电量为6823.65万kW·h。

表7-3　金风科技、明阳智能、东方风电抗台风前后策略及执行对比表

厂家	金风科技		明阳智能		东方风电	
策略	切出控制策略	退出台风模式风速	切出控制策略	退出台风模式风速	切出控制策略	退出台风模式风速
优化前抗台风策略	1. 手动切出； 2. 10min > 25m/s 自动切出； 3. 3s > 42m/s 时自动切出	10min≤25m/s	1. 手动切出； 2. 0.36s > 30m/s 时自动切出； 3. 1s > 29m/s 自动切出； 4. 10s > 28m/s 自动切出； 5. 30s > 27m/s 自动切出； 6. 1min > 26m/s 自动切出； 7. 10min > 25m/s 自动切出	1min < 30m/s；10min < 22m/s	1. 手动切出； 2. 1s > 30m/s 自动切出； 3. 30s > 28m/s 自动切出； 4. 10min > 25m/s 自动切出	10min<20m/s

续表

优化后抗台风策略	1. 手动切出； 2. 10min＞25m/s 时降 35% 出力运行； 3. 25m/s≤10min＜30m/s 时降 50% 出力运行； 4. 10min≥30m/s 时自动切出； 5. 3s＞42m/s 时自动切出	10min≤25m/s	较以往提升了操作效率；但控制策略暂未提升	较以往提升了操作效率；但控制策略暂未提升	较以往提升了操作效率；但控制策略暂未提升	与以往相同
实际执行情况	与抗台风策略相符，机组自动判断启停，效率较高，能在台风期间有效提升发电效率		需要手动复位进行切入，台风期间，需要人为判断，手动启机			

经过充分的论证与初步优化的技术总计，项目全体人员进一步综合考虑机组安全情况、实际出力、防台风策略等情况，针对整个海上风电场全部风机开展全面的防台风策略优化工作。具体以 2023 年 7 月第 4 号台风“泰利”过境时为例。

通过全场机组策略优化，从风速过高切出运行及风速恢复正常水平切入运行两方面入手，实现增发电量 1131.79 万 kW·h。其中，通过优化台风切出策略增发电量 611.22 万 kW·h，优化台风自动切入策略增发电量 67.07 万 kW·h，优化台风手动启机增发电量 453.50 万 kW·h，见表 7-4。

风机切出期间，组织各风机厂家人员根据实际风况对风机进行实时启停，尽可能提高台风利用，经统计所提高发电量总计为 274.84 万 kW·h。经统计各主机厂家因台风切出损失可利用小时数为 26.74h，如能对相应损失的可利用小时数差值全额利用，折算成发电量大约可进一步减少损失 433 万 kW·h。

表 7-4 海上风电场台风期间增发电量统计表

策略调整时间	切出时段 7 月 17 日 07:16—15:14	自动切入时段 7 月 17 日 15:30—22:00	手动启机时段 7 月 17 日 22:00—7 月 18 日 02:00
发电量统计（万 kW·h）	611.22	67.07	453.5

开展风电机组防台风策略优化工作，是参与三峡阳江沙扒海上风电项目全体人员建立在多年来对阳江海域海况、台风特性的认知与了解，对项目中每一台风机和基础状态的把握下，具有指导意义的一项工作。项目全体人员将持续不断地认真学习大水电在“洪水资源化”工作的相关经验和方法，并在此前工作基础上，继续科学谨慎地开展“台风资源化”利用工作，借此进一步深入认识台风对海上风电场的影响，同时进一步让海上风电为保发保供做贡献、让海上风电创造更大效益，用实际行动落实三峡集团“海上风电引领者”战略。

第8章
未来海上风电场开发建设展望

未来海上风电将逐步向深远海、集约化、规模化开发建设发展，本章通过全面总结国内首个百万千瓦级海上风电项目开发、工程建设管理经验，为三峡集团广东分公司后续建设青洲海上风电项目指明了方向，也可供其他深远海海上风电项目设计、施工等全过程工程管理参考借鉴。

8.1 科学规划，设计先行

未来海上风电项目开发、建设应重视整体规划，覆盖海上风电场建设初勘至设计优化全过程。前期完整且准确的地质勘测数据是进行风机基础设计的先决条件，应采用多种技术手段及足够的投入以确保地质勘测成果的准确性。设计应准确把握基础及风机选型、规模化与集约化接入送出系统设计环节，项目建设期间应综合考虑现场作业条件、风机机型发展、施工装备资源、制作厂家能力、工期、成本等因素，不断探索、论证基础型式优化的可行性，进行创新设计。全面发挥各专业优势，力争前期、设计研究成果全面覆盖工程建设阶段共性化问题，实现项目效益最大化。

8.2 系统组织，健全管理

8.2.1 建立健全管理体系，科学有序规划建设

海上风电项目建设周期短、任务重，经常面临资源紧张、地质条件复杂等重重困难，为如期完成建设目标，建设单位应始终坚持以系统性思维组织项目建设，全盘布局、提前谋划、主动出击，坚决执行保障措施，明确关键工序、关键时间节点，预判建设风险，建立健全海上风电项目全生命周期进度、质量、安全管理体系。

8.2.2 做好资金计划，保障参建单位的资金链健康

项目建设过程中，要确保参建单位资金链的安全运转，持续加强资金管理制度内容、审批流程的建设。针对大型钢结构制作等资金链周转难点环节，建议后续项目可适当增加工厂验收、分段或者分片体验收节点，增加支付节点解放参建单位资金压力，切实保障现场钢结构制作及供应的连续性。

8.2.3 加强安全管理，切实管控项目安全风险

面对未来海况更为复杂、施工难度更高的深远海项目，建设单位应坚持“安全第一、预防为主、综合治理”的方针，把安全工作放在施工管理首位，深入研究行业发展趋势、研判各类风险，提前制定预案。例如，增加大兆瓦风机首次批量化应用的可靠性，应联合各主要设备厂商推动核心设备研究，降低设备研制技术风险；施工期应制定全方位、多层次的应急救援方案，增加综合服务母船，利用船机人员长期在海上风电场待机等候、船舶强大的抗风浪能力，以及船舶快速精准定位稳定输送人员登陆风机等优势，提高海上风电场整体的应急处理能力。

8.2.4 集中连片开发，规模化送出

坚持陆海统筹和全产业链协同，通过集中连片规模开发海上风电，将距离较近的场址进行集中开发，统一办理前期手续，统筹确定整体建设、一次送出方案，推动海上风电项目规模化开发建设，促进陆海资源要素和产业双向流动、优化配置，实现海上风电高质量发展。

8.3 科技攻关，创新发展

8.3.1 加强研究高效低价海上风电技术，提高平价时代海上风电核心竞争力

加强海上风电机组大型化研制，推动关键技术及核心部件国产化。未来海上风电发展应加强联合技术攻关，集中攻克机组大型化、国产化一批“卡脖子”技术，降低核心技术出口管理可能导致的贸易风险，带动全产业链上下游升级、发展。

8.3.2 加强电源侧及电网侧协同发展

研究友好并网及新型构网技术，提高风电机组与电网系统的协同控制，提高风机并网的调节能力，确保电源侧提供更加主动的支撑能力。研究新能源设备入网后电网系统稳定及安全生产管理技术，确保电网可靠运行。

8.3.3 探索“海上风电+”融合发展

未来海上风电作为我国海洋经济重要一环，应充分发挥新兴经济的活力，探索海上风电与海洋牧场、海面光伏、能源岛的融合发展；充分利用海上风电清洁低碳、分布广泛的优点，与其他传统优势产业立体发展，提高海洋综合利用率，提高海洋经济综合产出。

8.3.4 推广漂浮式风机商业化、批量化应用

漂浮式风电机组作为未来海上风电发展的重要路径，总结国内首台漂浮式风电机组“三峡引领号”的研发、制作、施工经验，应进一步探索漂浮式风电机组大型化、规模化应用技术，从船体结构、基础设计、关键设备、安装工艺等方面研究降本增效手段，适应未来海上风电场深远海建造和安装需求。

参考文献

[1] 卢东海. 基于 ANSYS 的导管架式海上风力发电机组支撑结构分析［D］. 北京：华北电力大学，2016.

[2] 刘俊峰，倪道俊，校建东，等. 海上风电单柱复合筒型基础沉放过程分析［J］. 太阳能学报，2023，44（3）：239-243. DOI：10. 19912/j. 0254-0096. tynxb. 2022-0305.

[3] 常清潭，黄长江，韦梦想. 让深远海风为我所用［J］. 瞭望，2022（4）：38-39.

[4] 王艳玲，俞秋明. 2018 年西北太平洋及我国南海地区台风活动特征分析［J］. 江苏海洋大学学报（自然科学版），2022，31（3）：18-24.

[5] 周德棕，毕明君，章海东，等. 大直径单桩基础冲刷防护范围及防护效果试验研究［J］. 南方能源建设，2023，10（1）：72-80. DOI：10. 16516/j. gedi. issn2095-8676. 2023. 01. 009.

[6] 周冠博，高拴柱. 2021 年 8 月大气环流和天气分析［J］. 气象，2021，47（11）：1426-1432.

[7] 王雄杰，李鹏宇. 中国海上风电场航标维护策略研究［J］. 珠江水运，2022（24）：93-95. DOI：10. 14125/j. cnki. zjsy. 2022. 24. 011.

[8] 王忠锋，潘欣全，王华章. 气举反循环法在海上风电场超大钢管桩纠偏中的应用［J］. 风能，2020（10）：62-65. DOI：10. 3969/j. issn. 1674-9219. 2020. 10. 014.

[9] 王伟，杨敏. 海上风电机组地基基础设计理论与工程应用［M］. 北京：中国建筑工业出版社，2014.

[10] 唐巍，郭雨桐，闫姝，等. 多场景海上风电场关键设备技术经济性分析［J］. 中国电力，2021，54（7）：178-184，216. DOI：10. 11930/j. issn. 1004-9649. 202003215.

[11] 王喻鸣，王玉琨，陈晓宏. 南海北部海域表层沉积物重金属含量分布及来源［J］. 中山大学学报（自然科学版），2022，61（1）：139-150. DOI：10. 13471/j. cnki. acta. snus. 2020D054.

[12] 朱博文. 10MW 永磁半直驱中速风力发电机优化设计［D］. 沈阳：沈阳工业大学，2021. DOI：10. 27322/d. cnki. gsgyu. 2021. 000189.

[13] 孙焕锋，雷传，沙欣宇，葛畅. 海上风电 220 kV 海底光电复合电缆敷设施工技术［J］. 水电与新能源，2022，36（8）：41-44. DOI：10. 13622/j. cnki. cn42-1800/tv. 1671-3354. 2022. 08. 010.

[14] 和法利，李国庆，姚龙. 海上升压站结构布置优化及施工工艺研究——以江苏东台 200MW 海上风电项目为例［J］. 山东工业技术，2018（22）：205. DOI：10. 16640/j. cnki. 37 - 1222/t. 2018. 22. 185.

[15] 王富强，郝军刚，李帅，等. 漂浮式海上风电关键技术与发展趋势［J］. 水力发电，2022，48（10）：9-12，117.

[16] 杨阳，李波. 浅谈. 海上风电项目建设安全管理的风险与应对措施［J］. 中文科技期刊数据库

（全文版）工程技术，2021（11）：2.

[17] A. K，M. R，S. K，et al. Effect of weather forecast uncertainty on offshore wind farm availability assessment [J]. Ocean Engineering，2023，285（P1）.

[18] 刘俊峰，张凡，谢同，等. 国内首个百万千瓦海上风电项目建设管理 [J]. 船舶工程，2023，45（S1）：109-115. DOI：10.13788/j.cnki.cbgc.2023.S1.21.